土力学与土工检测

主　编　姚丽红　魏坤肖

副主编　赵秀玲　孙荣华

　　　　高宏伟　吕钊飞

　　　　张　瑞

北京理工大学出版社

BEIJING INSTITUTE OF TECHNOLOGY PRESS

内 容 提 要

本书按照"项目导向，任务驱动"的要求组织全书内容，把理论知识融入工程实践，从而让学生把知识与工程实际相结合。全书主要内容包括土的基本性质检测与工程分类、土的压实性与现场检测、土的渗透性检测与渗透变形防治、土的变形检测、土的强度检测。每个学习任务中均设置了任务提出—任务布置—任务分析—相关知识—任务实施—训练与提升的框架，便于学生理解掌握。作为数字教材，本书中配备了课件、动画、视频、微课等数字化教学资源。

本书可作为高等院校土工检测类专业的教材，也可作为土建工程类专业的教材，还可供检测等技术人员使用。

图书在版编目（CIP）数据

土力学与土工检测 / 姚丽红，魏坤肖主编. -- 北京：
北京理工大学出版社，2023.11
　ISBN 978-7-5763-2524-9

　Ⅰ.①土… Ⅱ.①姚… ②魏… Ⅲ.①土力学-高等
学校-教材 ②土工试验-高等学校-教材 Ⅳ.①TU43
②TU41

中国国家版本馆CIP数据核字（2023）第116657号

责任编辑：王晓莉		文案编辑：杜 枝	
责任校对：周瑞红		责任印制：王美丽	

出版发行 / 北京理工大学出版社有限责任公司

社　　址 / 北京市丰台区四合庄路6号

邮　　编 / 100070

电　　话 / （010）68914026（教材售后服务热线）
　　　　　　（010）68944437（课件资源服务热线）

网　　址 / http：//www.bitpress.com.cn

版 印 次 / 2023年11月第1版第1次印刷

印　　刷 / 河北鑫彩博图印刷有限公司

开　　本 / 787 mm×1092 mm　1/16

印　　张 / 12.5

字　　数 / 302千字

定　　价 / 85.00元

FOREWORD 前 言

　　21 世纪是教育的世纪，教育与教学密切相关，教学离不开教材。为了贯彻教育部关于高等院校人才培养目标及教材建设的总体要求，为培养适应社会需要的高等技术应用性人才，我们参照高等院校学校水利水电工程技术专业教学标准专业核心课程主要教学内容，针对工程质量检测专业岗位职责，编写了本书。

　　本书编写时深入贯彻落实党的二十大精神，坚持为党育人、为国育才，立足实施科教兴国战略、人才强国战略、创新驱动发展战略需要，以培养新时代创新创业人才为目标，注重培育和提高学生的创新精神、创业意识和创业能力。本书编写中力求体现基础理论以"必需、够用、能用"为原则，加强应用性、实用性和针对性。在内容安排上与工程实际问题相结合，以任务布置—任务提出—任务分析—理论知识—任务实施—训练与提升为框架，重点突出了基础理论知识的应用和实践能力的培养。其中训练与提升又分成简答题、计算题、实训题三个方面，阶梯性评价学生对任务点的掌握。

　　"教书育人，德育为先"。本书全面贯彻党的教育方针，落实立德树人根本任务，培养德智体美劳全面发展的社会主义建设者和接班人。体现在教材中以拓展阅读及实训题评价的形式，结合工程实际，从民族自豪感、工程伦理、使命担当、防微杜渐等角度，培养学生精益求精的大国工匠精神，激发学生科技报国的家国情怀和使命担当。

　　作为数字化教材，对应教材内容配备了大量视频、微课、动画、PPT 等，大大提高了学生学习的有效性。

　　依据工程检测专业的专业特点，把土力学的理论知识及土力学的检测内容进行了重组，侧重检测任务的完成，以期提高学生的岗位能力及分析实际问题的能力。全书由辽宁生态工程职业学院姚丽红、魏坤肖担任主编，由辽宁生态工程职业学院赵秀玲、孙荣华、高宏伟，辽宁省水利事务服务中心吕钊飞，辽宁省水利水电科学研究院有限公司沈阳分公司张瑞担任副主编，具体编写分工为：绪论、项目 1 和项目 2 中相关知识部分和部分任务实施由魏坤肖完成；项目 3 相关知识部分由孙荣华完成；项目 4 相关知识部分由赵秀玲完成；项目 5 相关知识部分由高宏伟完成；项目 1 中部分任务实施和项目 3 中任务实施由姚丽红和张瑞共同完成；项目 4、项目 5 中任务实施由姚丽红和吕钊飞共同完成。

　　限于编者水平，编写时间仓促，书中难免存在欠妥之处，敬请各位读者不吝指教。如有宝贵意见和建议，请发至编者邮箱 1143599008@qq.com，以使本书内容不断完善。

编 者

CONTENTS 目录

CONTENTS

CONTENTS

CONTENTS

绪　论

土是地壳岩石经受强烈风化的天然历史产物，是各种矿物颗粒的集合体。

微课：绪论

根据土木工程中遇到的各种与土有关问题的分析，土在工程中的应用归纳起来可分为三类：作为建筑物（房屋、桥梁、道路、水工结构等）地基、作为建筑材料（路基、土坝、土堤等）和作为建筑物周围介质或环境（隧道、挡土墙、地下建筑等）。无论哪一类情况，工程技术人员最关心的都是土的力学性质，即在各种荷载作用下土的变形及强度特性，以及这些特性随时间过程、应力历史和环境条件的变化而改变的规律。土力学就是以力学理论为基础，研究土的渗流、变形和强度特性，并据此进行土体的变形和稳定性计算的学科。土力学是一门实用的学科，也是土木工程的一个分支，还是学习"基础工程""地基处理"等专业课程的理论基础。

0.1　相关典型工程事故案例

0.1.1　与土或土体有关的变形问题

与土或土体有关的变形问题相关典型工程事故主要有比萨斜塔。

（1）事故概况。比萨斜塔是意大利比萨城大教堂的独立式钟楼，位于意大利托斯卡纳省比萨城北面的奇迹广场上，是比萨城的标志（图 0.1）。比萨斜塔是举世闻名的建筑物倾斜的典型实例。在建筑的过程中就已出现倾斜，原本是一个建筑败笔，却因祸得福成为世界建筑奇观，伽利略的自由落体试验更使其蜚声世界，成为世界著名旅游观光胜地。但随着时间的推移，斜塔倾斜角度逐渐加大，到 20 世纪 90 年代，已濒于倒塌。1990 年 1 月 7 日，比萨斜塔停止向游人开放，1992 年意大利政府成立比萨斜塔拯救委员会，向全球征集解决方案。

比萨斜塔修建于 1173 年，开始建造该塔时的设计是垂直

图 0.1　比萨斜塔

竖立的，原设计为 8 层，高为 54.8 m。1178 年，当钟楼兴建到第 4 层时发现由于地基不均匀和土层松软，导致钟楼已经倾斜偏向东南方，工程因此暂停。1231 年，工程继续，建造者采取各种措施修正倾斜，刻意将钟楼上层搭建成反方向的倾斜，以便补偿已经发生的重心偏离。1278 年进展到第 7 层的时候，塔身不再呈直线，而呈凹形，工程再次暂停。1360 年，在停滞了差不多一个世纪后钟楼向完工的最后一个冲刺，并做了最后一次重要的修正。1372 年，摆放钟的顶层完工。54 m 高的 8 层钟楼共有 7 口钟，但是由于钟楼时刻都有倒塌的危险而没有撞响过。

比萨斜塔从地基到塔顶高为 58.36 m，从地面到塔顶高为 55 m，钟楼墙体在地面上的宽度为 4.09 m，在塔顶宽度为 2.48 m，总质量约为 14 453 t，重心在地基上方 22.6 m 处。圆形地基面积为 285 m²，对地面的平均压强为 497 kPa。地基持力层为粉砂，下面为粉土和黏土层。目前的倾斜约为 10%，即 5.5°，偏离地基外沿 2.3 m，顶层凸出 4.5 m，成为危险建筑。

（2）事故原因分析。比萨斜塔为什么会倾斜，专家们曾为此争论不休。尤其是在 14 世纪，人们在两种论调中徘徊，比萨斜塔究竟是建造过程中无法预料、无法避免的地面下沉累积效应的结果，还是建筑师有意而为之？进入 20 世纪，随着对比萨斜塔越来越精确的测量，以及使用各种先进设备对地基土层进行的深入勘测，还有对历史档案的研究，一些事实逐渐浮出水面：比萨斜塔在最初的设计中本应是垂直的建筑，但是在建造初期就偏离了正确位置。

在对地基土层成分进行观测后得出：比萨斜塔倾斜的原因是它地基下面土层的特殊性。比萨斜塔下有好几层不同材质的土层，由各种软质粉土的沉淀物和非常软的黏土相间形成，在深约 1 m 的地方是地下水层。最新的挖掘表明，钟楼建造在了古代的海岸边缘，因此，土质在建造时便已经沙化和下沉。

1838 年的一次工程导致了比萨斜塔突然加速倾斜，人们不得不采取紧急维护措施。当时建筑师 Alessandro della Gherardesca 在原本密封的斜塔地基周围进行了挖掘，以探究地基的形态，揭示圆柱基础和地基台阶是否与设想的相同。这一行为使斜塔失去了原有的平衡，地基开始开裂，最严重的是发生了地下水涌入的现象。这次工程后的勘测结果表明，倾斜加剧了 20 cm，而此前 267 年的倾斜总和不过 5 cm。

（3）事故处理。

1）卸荷处理。为了减轻钟塔地基荷载，1838—1839 年，在钟塔周围开挖一个环形基坑。基坑宽度约为 3.5 m，北侧深为 0.9 m，南侧深为 2.7 m。基坑底部位于钟塔基础外伸的三个台阶以下，铺有不规则的块石。基坑外围用规整的条石垂直向砌筑。基坑顶面以外地面平坦。

2）防水与灌水泥浆。为防止雨水下渗，于 1933—1935 年对环形基坑做防水处理，同时对基础环周用水泥浆加强。

3）1992 年 7 月开始对塔身加固。

2001 年 12 月 15 日起，比萨斜塔再次向游人开放。

0.1.2　与土或土体有关的强度问题

1. 加拿大特朗斯康谷仓

加拿大特朗斯康谷仓，由于地基强度破坏发生整体滑动，是建筑物失稳的典型例子。

（1）概况。加拿大特朗斯康谷仓平面呈矩形，南北向长为 59.44 m，东西向宽为 23.47 m，高为 31.00 m，容积为 36 368 m³（图 0.2）。谷仓为圆筒仓，每排 13 个圆筒仓，共 5 排 65 个圆筒仓组成。谷仓的基础为钢筋混凝土筏形基础，厚为 61 cm，基础埋深为 3.66 m。

图 0.2　特朗斯康谷仓

谷仓于 1911 年开始施工，1913 年秋季完工。谷仓自重为 20 000 t，相当于装满谷物后满载总质量的 42.5%。1913 年 9 月起往谷仓装谷物，仔细地装载，使谷物均匀分布，到了 10 月当谷仓装了 31 822 m³ 谷物时，发现 1 h 内垂直沉降达 30.5 cm。结构物向西倾斜，并在 24 h 间谷仓倾倒，倾斜度离垂线达 26°53′。谷仓地基滑动，谷仓西端下沉 7.32 m，东端上抬 1.52 m。

1913 年 10 月 18 日谷仓倾倒后，上部钢筋混凝土筒仓坚如磐石，仅有极少的表面裂缝。

（2）事故原因。1913 年春当冬季大雪融化时，谷仓附近由石碴组成高为 9.14 m 的铁路路堤面的黏土下沉 1 m 左右迫使路堤两边的地面呈波浪形。处理这事故的措施为打几百根长为 18.3 m 的木桩，穿过石碴，形成一个台面，用以铺设铁轨。谷仓的地基土事先未进行调查研究。根据邻近结构物基槽开挖试验结果，计算承载力为 352 kPa，应用到这个仓库。谷仓的场地位于冰川湖的盆地中，地基中存在冰河沉积的黏土层，厚度为 12.2 m。黏土层上面是更近代沉积层，厚度为 3.0 m。黏土层下面为固结良好的冰川下冰碛层，厚度为 3.0 m，这层土支承了这地区很多更重的结构物。

1952 年，人们从不扰动的黏土试样测得：黏土层的平均含水率随深度加深，从 40% 增加到约 60%；无侧限抗压强度 q_u 从 118.4 kPa 减少至 70.0 kPa，平均为 100.0 kPa；平均液限 $w_l = 105\%$，塑限 $w_p = 35\%$，塑性指数 $I_0 = 70$。试验表明，这层黏土是高胶体、高塑性的。

按太沙基公式计算承载力，如采用黏土层无侧限抗压强度试验平均值 100 kPa，则为 276.6 kPa，已小于破坏发生时的压力值 329.4 kPa。如用 $q_{umin}=70$ kPa 计算，则为 193.8 kPa，远小于谷仓地基破坏时的实际压力。

地基上加荷的速率对发生事故起一定作用，因为当荷载突然施加的地基承载力要比加荷固结逐渐进行的地基承载力小。这个因素对黏性土尤为重要，因为黏性土需要很长时间才能完全固结。根据资料计算，抗剪强度发展所需的时间约为 1 年，而谷物荷载施加仅需 45 天，相当于突然加荷。

综上所述，加拿大特朗斯康谷仓发生地基滑动强度破坏的主要原因：对谷仓地基土层事先未做勘察、试验与研究，采用的设计荷载超过地基土的抗剪强度，导致这一严重事故。由于谷仓整体刚度较高，地基破坏后，筒仓仍保持完整，无明显裂缝，因而地基发生强度破坏而整体失稳。

（3）处理方法。为修复筒仓，在基础下设置了 70 多个支承于深 16 m 基岩上的混凝土墩，使用了 388 只 500 kN 的千斤顶，逐渐将倾斜的筒仓纠正。补救工作是在倾斜谷仓底部水平巷道中进行，新的基础在地表下深度为 10.36 m。经过纠倾处理后，谷仓于 1916 年起恢复使用。修复后位置比原来降低了 4 m。

2. 中国香港宝城滑坡

1972 年 7 月某日清晨，中国香港宝城路附近，2×10^4 m³ 残积土从山坡上下滑，巨大滑动体正好冲过一幢高层住宅——宝城大厦，顷刻间宝城大厦被冲毁倒塌并砸毁相邻一幢大楼一角约五层住宅，造成 67 人死亡（图 0.3）。

图 0.3　香港宝城滑坡

0.1.3　与土或土体有关的渗透变形问题

1. 美国 Teton 坝溃决

（1）事故概况。Teton 坝位于美国爱达荷（Idaho）州 Teton 河上，是一座防洪、发电、旅游、灌溉等综合利用工程。大坝为土质心墙坝。心墙材料为含黏土及砾石的粉砂。心墙两侧为砂、卵石及砾石坝壳。最大坝高度为 126.5 m（至心墙齿槽底）。坝顶高程为 1 625 m，坝顶长度为 945 m。土基坝段坝上游坡度：上部为 1∶2.5，下部为 1∶3.5；坝下游坡度：上部为 1∶2.0，下部为 1∶3.0。该坝于 1972 年 2 月动工兴建，1975 年建成。

水库于 1975 年 11 月开始蓄水。1976 年春季库内水位迅速上升。拟订水库水位上升限制速率为每天 0.3 m。由于降雨，水位上升速率在 5 月达到每天 1.2 m。至 1976 年 6 月 5 日溃坝时，库水位已达 1 616.0 m，仅低于溢流堰顶 0.9 m，低于坝顶 9.0 m。

在大坝溃决前 2 天，即 1976 年 6 月 3 日，在坝下游 400~460 m 右岸高程 1 532.5~1 534.7 m 处，发现有清水自岩石垂直裂隙流出。

6 月 4 日，距坝 60 m，高程 1 585.0 m 处冒清水。至该日晚 9 时，监测表明渗水并未增大。

6 月 5 日早晨，该渗水点出现窄长湿沟。稍后在上午 7 点，右侧坝趾高程 1 537.7 m 处发现流混水，流量达 0.56~0.85 m³/s，在高程 1 585.0 m 处也有混水出入，两股水流有明显加大趋势。

6 月 5 日上午 10 点 30 分，下游坝面有水渗出并带出泥土（图 0.4）。

图 0.4　Teton 坝 上午 10 点 30 分

6 月 5 日上午 11 点左右，洞口不断扩大并向坝顶靠近，泥水流量增加（图 0.5）。

图 0.5　Teton 坝 上午 11 点

6 月 5 日上午 11 点 30 分，洞口继续向上扩大，泥水冲蚀了坝基，主洞的上方又出现一渗水洞（图 0.6）。流出的泥水开始冲击坝趾处的设施。

图 0.6　Teton 坝 上午 11 点 30 分

6 月 5 日上午 11 点 50 分左右，洞口扩大加速，泥水对坝基的冲蚀更加剧烈（图 0.7）。

图 0.7　Teton 坝 上午 11 点 50 分

6 月 5 日上午 11 点 57 分，坝坡坍塌，泥水狂泻而下（图 0.8）。

图 0.8　Teton 坝 上午 11 点 57 分

6月5日12点过后，坍塌口加宽。洪水扫过下游谷底，附近所有设施被彻底摧毁。失事现场的状况如图0.9所示。

图0.9 Teton坝 失事现场

损失：直接经济损失8 000万美元，起诉5 500起，索赔2.5亿美元，死亡14人，2.5万人、60万亩①土地受灾，32 km铁路受毁。

（2）事故原因。专家们认为，由于岸坡坝段齿槽边坡较陡，岩体刚度较大，心墙土体在齿槽内形成支撑拱，拱下土体的自重应力减小。有限元分析表明，由于拱作用，槽内土体应力仅为土柱压力的60%。在土拱的下部，贴近槽底有一层较松的土层。因此，当水由岩石裂缝流至齿槽时，高压水就会对齿槽土体产生劈裂而通向齿槽下游岩石裂隙，造成土体管涌或直接对槽底松土产生管涌。

2. 龙山水库

（1）基本情况。龙山水库位于武江上游廊田河西侧支流上，地处乐昌市东北部的廊田镇龙山管理区龙山村，距离京广铁路约为12 km。其集雨面积为26.2 km²，水库总库容积为1 124×10⁴ m³，是一个以灌溉为主，结合发电、防洪、养殖等综合利用的中型水库。水库枢纽工程由大坝、溢洪道、输水隧洞和坝后电站组成。

大坝于1973年4月按浆砌石重力坝方案施工，于1976年改为土石混合坝，1979年2月大坝建成蓄水。大坝高度为61.5 m，坝顶高程为361.5 m，设计洪水水位为359.69 m，校核洪水水位为360.42 m，正常运用水位为358.7 m。坝顶宽为10.2 m，坝顶长为155 m，坝基为中下泥盘系石英砂岩，离坝轴线上游80 m做了帷幕灌浆处理。坝体高程290～315 m为浆砌石砌体。坝体迎水坡防渗体为微风化的砾质粉质壤土及砾质黏土，采用碾压法施工，设计干密度为1.5 g/cm³。背水坡堆石体按反滤要求从坝基砌筑至坝顶，采用进占抛滚法施工。

（2）险情回顾。水库蓄水使用后，坝顶出现多条纵向及横向裂缝，坝顶、迎水坡和背水坡沉陷严重，左、右坝头填土与坝基接触带、右坝头与溢洪道之间的小山包渗漏严重，溢洪道也有渗漏现象。

---

① 1亩≈667平方米。

0.2　　土力学的发展历史

土力学是一门古老而又年轻的科学。中外许多历史悠久的著名建筑、桥梁、水利工程都不自觉地应用土力学原理解决了地基承载力、变形、稳定等问题，使其千年不坏，流传至今，如我国的万里长城、大型宫殿、大庙宇、大运河、开封塔、赵州桥等，以及国外的皇宫、大教堂、古埃及金字塔、古罗马桥梁工程等。

土力学的研究始于18世纪欧洲工业革命时期，由于工业发展的需要，大型建筑、公路、铁路的兴建，促使人们对地基土和路基土的一系列技术问题进行研究。

1773年，法国科学家库仑（C. A. Coulomb）根据试验创立了砂土抗剪强度公式，提出了挡土墙土压力的滑楔体理论。

1856年，法国工程师达西（H. Darcy）研究了砂土的渗透性，提出了层流运动的达西定律。

1857年，英国学者朗肯（W. J. M. Rankine）发表了挡土墙土压力塑性平衡理论，对土体强度理论的发展起到了很大的作用。

1885年，法国学者布辛奈斯克（J. Boussinesq）求得半无限弹性体在竖向力作用下的应力和变形的理论解答。

这些古典理论对土力学的发展起到了很大的推动作用，沿用至今。

20世纪20年代开始，对土力学的研究有了迅速的发展。1915年，由瑞典学者彼德森（K. E. Petterson）首先提出的，后来由瑞典费兰纽斯（W. Fellenius）及美国的泰勒（D. W. Taylor）进一步发展的土坡稳定分析的整体圆弧滑动面法；1920年，由法国学者普朗特尔（L. Prandtl）发表的地基剪切破坏滑动面形状和极限承载力公式等进一步丰富了土力学理论的研究。

1925年，美籍奥地利人K. 太沙基（K. Terzaghi）出版了第一本土力学专著《土力学》，他重视土的工程性质和土工试验，导出了饱和土的有效应力原理，将土的主要力学性质，如应力、变形、时间各因素相互联系起来，并应用于解决一系列的土工问题。从此土力学成为一门独立的科学。

1936年，在美国召开了第一届"国际土力学与基础工程"会议，此后世界各国相继举办了各种学术会议，促进了不同国家与地区之间土力学研究成果的交流。中国土木工程学会于1957年起设立了土力学及基础工程委员会，并于1978年成立了土力学及基础工程学会。

伴随着世界各国超高层建筑、超深基坑、超高土坝、高速铁路等的兴建，土力学得到了进一步发展。许多学者积极研究土的本构模型（即土的应力—变形—强度—时间模型）、土的弹塑性与黏弹性理论和土的动力特性。20世纪60年代以来，电子计算机的问世，可将更接近土本质的力学模型进行复杂的快速计算。同时，现代科学技术的发展，也提高了土工试验的测试精度。土力学进入一个新的发展时期。

在20世纪50年代，我国学者陈宗基教授对岩土的流变学和黏土结构进行了研究。黄文熙院士对土的液化进行了深入地探讨并提出了考虑土侧向变形的地基沉降计算方法；他在 1983 年主编的一本理论性较强的土力学专著《土的工程性质》中，系统地介绍了国内外的各种土的应力—应变本构模型的理论和研究成果。沈珠江院士在土体本构模型、土体静动力数值分析、非饱和土理论研究等方面取得令人瞩目的成就，于 2000 年出版了《理论土力学》专著，较全面总结了之前 70 年来国内外学者的研究成果。

21 世纪，土力学理论与实践在非饱和土力学、环境土力学、土的破坏理论等方面将取得长足的发展。

0.3　课程的主要内容与学习方法

土力学与土工检测的主要内容有土的基本性质指标检测、土的压实性与现场检测、土的渗透性检测与渗透变形的防治、土的变形检测与土的强度检测。在本课程的学习中，要注重基本概念的理解，要咬文嚼字，理解加记忆。要注重基本理论的学习，特别是土工试验方法的学习和试验技能的培养。

土工试验是了解土的物理性质和力学性质的基本手段，也是地质勘察和土方工程施工质量控制的重要手段，还是保障土方工程质量的必要手段。因此，学生要尽可能多动手操作，从实践中获取知识，积累试验经验，以便能在将来的工作岗位中切合实际地解决工程实际问题。

》》拓展阅读

李冰父子都江堰——民族自豪感

都江堰是岷江中游的一项大工程（图 0.10）。岷江从岷山发源，一路急流而下，到灌县地域又进入平川地界。这里地形复杂，加之泥沙淤积，使得航行十分困难，而且江水在洪水季节常常泛滥。令人感到奇怪的是，西边遭受洪水肆虐的时候，东边却因缺水而受旱灾之苦。

李冰到任以后，听到了大量的民众呼声，亲临实地考察后不久就开始实施这项规模浩大的工程。近现代的人们所见到的都江堰工程，从上游数起，主要有百丈堤、都江鱼嘴、内外金刚堤、飞沙堰、人字堤、宝瓶口，其中最重要的是都江鱼嘴、飞沙堰与宝瓶口。

鱼嘴朝着岷江上游，把汹涌而来的江水分成东西两股，西股叫外江，是岷江的正流；东股叫内江，是灌溉的总干渠，渠道就是"宝瓶口"，流经宝瓶口的水，再分成许多大小沟渠河道，组成一个纵横交错的扇形水网，灌溉万项农田，使成都平原由"水旱从人"，变为富足的"天府之国"。"鱼嘴"的分水量设计非常科学：春耕季节，内江水量大约占六成，外江水量大约占四成；洪水季节，内江超过灌溉所需的水量，就会由"飞沙堰"自行溢出。实际上，这个"宝瓶口"就成了调节内江水位的恒线。

为了控制内江流量，李冰更科学地制作了三个小石人，分别立在外江、内江和宝瓶口的水中，用来测量和观察水位。江水枯竭的冬季，小石人不露足。江水旺盛的夏季，小石人也淹不过肩。可以说，这是世界上有记载最早也是最科学的测量水位的办法。

都江堰建成以后，岷江内江的水滋润了成都平原，百姓们纷纷开挖大小河道，使用岷江水灌溉农田，成都成了蜀郡的富庶之地。

　　都江堰水利工程现存至今依旧在灌溉田畴，是造福人民的伟大水利工程。

图 0.10　都江堰

项目1 土的基本性质检测与工程分类

任务1 土的物理性质指标检测

任务提出

SW 水库工程等别为 Ⅱ 等，工程规模为大(2)型，永久性主要建筑物（挡水坝段、溢流坝段、底孔坝段、引水坝段及连接建筑物）均按 2 级设计；导墙等次要建筑物按 3 级设计；临时性建筑物按 4 级设计。

SW 水库总库容为 8.14×10^8 m³；兴利库容为 5.53×10^8 m³；SW 水库正常蓄水位为 60.0 m，相应库容为 5.94×10^8 m³；死水位为 41.0 m，死库容为 0.41×10^8 m³；防洪限制水位 59.6 m，设计洪水位（0.2%）61.52 m，防洪高水位（1%）61.09 m，校核洪水位（0.02%）63.66 m；城市与工业多年平均日供水 24.5×10^4 t（从河道取水 4.2×10^4 t），环境多年平均供水流量为 1.13 m³/s。

SW 水库坝址处河谷宽约为 800 m，左岸山坡略陡，右岸较缓，水库枢纽是以土坝为基本坝型的混合坝。大坝全长为 1 148.0 m，最大坝高为 48.8 m。土坝坝顶高程为 65.10 m，防浪墙顶高程为 66.50 m，混凝土坝段顶高程为 65.30 m。土坝分左右岸布置，其中左岸土坝长 560.0 m，右岸土坝长 327.5 m。主河槽混凝土坝段布置有右连接段、引水坝段、底孔坝段、溢流坝段、挡水坝段、左连接段。其中溢流坝段长为 176.5 m，引水坝段长为 20.0 m，底孔坝段长为 40.0 m，挡水坝段长为 18 m，左岸、右岸连接段坝顶长度均为 3.0 m。

SW 水库主体工程主要工程量：土石方开挖 59.19×10^4 m³，土方回填 59.52×10^4 m³，坝壳砂砾料填筑 146.14×10^4 m³，黏土心墙 20.49×10^4 m³，混凝土 46.86×10^4 m³。

经勘察天然建筑材料为筑坝砂砾料、防渗体土料。初步勘测砂砾料场 3 处，防渗体土料场 2 处。

防渗体土料场位于坝址上游王村北的阶地上，该场地内现为耕地，下游有一正在运行的砖厂，其附近局部有采土坑，场地中有多根电线杆和 1 条铁合金厂上水管线及 1 座泵站，上游分布一条近南北向的冲沟，宽为 10～16 m，较浅，沟底为黏土夹石块、砂。场区地势较平缓，南高北低，地面高程为 31.95～40.22 m。防渗体土料场距坝址约为 5 km，左岸、右岸均有可到达坝址的砂石路。

地层岩性主要为第四系坡洪积粉质黏土，黄褐色，局部层顶夹有黏土薄层，层底局部见有砂砾石或黏土夹砂透镜体。分布较稳定，埋藏较深。

≫≫ 任务布置

(1) 确定防渗体料场的储量是否符合本工程的应用？需要进行哪些基本指标的试验？

(2) 从料场取料，进行相应指标的试验，记录试验数据，并出具试验成果。

≫≫ 任务分析

土方工程在堤防工程、土石坝工程、建筑工程施工中占很大比重，要想解决工程中关于土方料场的选择、土方工程的施工质量控制等实际问题，就要了解土的形成、土的组成及土的物理性质指标检测等基础知识，并能够进行相关指标检测实际操作。

≫≫ 相关知识

1.1 土的形成

土是地壳表层的岩石，在阳光、大气、水、生物等因素影响下发生风化作用，使岩石崩解、破碎，经流水、风等动力作用搬运、磨蚀、沉积，形成大小不等、形状各异的未经胶结的松散的颗粒堆积物。因此，通常说土是岩石风化的产物。

岩石的风化一般可分为物理风化和化学风化两个过程。

岩石经受的物理风化是指岩石经受风、霜、雨、雪的侵蚀，或受波浪的冲击、地震的作用，以及温度的变化等产生裂隙、崩解，或者在运动中因碰撞和摩擦而碎裂成岩块、岩屑的过程。岩体逐渐变成碎块和细小的颗粒，但它们的矿物成分仍与原来的母岩相同，称为原生矿物。

化学风化是指岩体（或岩块、岩屑）与氧气、二氧化碳等各种气体、水和各种水溶液等物质相接触，经氧化、碳化和水化作用，使这些岩石或岩屑逐渐产生化学变化，分解为极细颗粒的过程。这些极细颗粒是新形成的矿物，也称次生矿物。

在自然界，物理和化学这两种风化作用是同时或交替进行的，所以，任何一种天然土既是物理风化的产物，又是化学风化的产物。

土体是岩石风化的产物，也是一种松散的颗粒堆积物。由于岩土材料组成的复杂性，其性质在许多方面不同于其他材料，具有其特有的多变性及复杂性。

1.2 土的组成

天然状态的土一般是由固相、液相和气相三部分组成的。这三部分通常称为土的三相。其中固相即土颗粒，它构成土的骨架。土骨架之间存在许多孔隙，孔隙被水和气体所填充。水和溶解于水的物质构成土的液相；空气及其他气体构成土的气相。若土中孔隙全部由气相所填充时，称为干土；若孔隙全部由液相所填充时，称为饱和土；若孔隙中同时存在液相和气相时，称为湿土。饱和土和干土都是二相系，湿土为三相系。这三相物质本身的特征及它们之间的相互作用，对土的物理力学性质影响很大，下面将分别介绍三相物质的属性及其对土的物理力学性质的影响。

微课：土的
三相组成

1.2.1 土的固相

土的固相是土中最主要的组成部分，它由各种矿物成分组成，有时还包括土中所含的有机质。土粒的矿物成分不同、粗细不同、形状不同，土的性质也不同。

（1）原生矿物和次生矿物。土的矿物成分取决于成土母岩的成分以及所经受的风化作用。按所经受的风化作用不同，土的矿物成分可分为原生矿物和次生矿物两大类。

1）原生矿物在风化过程中，其化学成分并没有发生变化，它与母岩的矿物成分是相同的。常见的原生矿物有石英、长石和云母等。

2）次生矿物的矿物成分与母岩不同。常见的次生矿物有高岭石、伊利石（水云母）和蒙脱石（微晶高岭石）三大黏土矿物。另外，还有一类易溶于水的次生矿物，称为水溶盐。水溶盐的矿物种类很多，按其溶解度可分为难溶盐、中溶盐和易溶盐三类。难溶盐主要是碳酸钙（$CaCO_3$），中溶盐常见的是石膏（$CaSO_4 \cdot 2H_2O$），易溶盐常见的是各种氯化物（如 $NaCl$、KCl、$CaCl$）及易溶的钾与钠的硫酸盐和碳酸盐等。

（2）各粒组中所含的主要矿物成分。自然界的土是岩石风化的产物，其颗粒大小的变化很大，相差极为悬殊。大的土颗粒可大至数百毫米以上，小土颗粒可小至千分之几甚至万分之几毫米。通常把自然界的土颗粒划分为漂石或块石、卵石或碎石、砾、砂粒、粉粒和黏粒六大粒组。不同粒组的土，其矿物成分不同，性质也差别很大。

石英和长石多呈粒状，是砾石和砂的主要矿物成分，性质较稳定，强度很高。云母呈薄片状，强度较低，压缩性大，在外力作用下易变形。含云母较多的土，作建筑物的地基时，沉降量较大，承载力较低；做筑坝土料时不易压实。

黏土矿物的颗粒很细，都小于 0.005 mm，多是片状（或针状）的晶体，颗粒的比表面积（单位体积或单位质量的颗粒表面积的总和）大，亲水性（指黏土颗粒表面与水相互作用的能力）强。不同类型的黏土矿物具有不同程度的亲水性，如蒙脱石是由多个晶体层构造成的矿物颗粒，结构不稳定，水容易渗入使晶体劈开，因而颗粒最小，所以它的亲水性最强；而高岭石颗粒相对较大，晶体结构比较稳定，亲水性较弱；伊利石则介于两者之间，但比较接近蒙脱石。由于黏土矿物的亲水性使黏性土具有黏聚性、可塑性、膨胀性、收缩性及透水性小等一系列特性。

黏性土中的水溶盐，通常是由土中的水溶液蒸发后沉淀充填在土孔隙中的，它构成了土粒间不稳定的胶结物质。如黏性土中含有水溶盐类矿物，遇水溶解后会被渗透水流带走，导致地基或土坝坝体产生集中渗流，引起不均匀沉降及强度降低。因此，通常规定筑坝土料的水溶盐含量不得超过 8%。如果水工建筑物地基土的水溶盐含量较大，必须采取适当的防渗措施，以防水溶盐流失造成对建筑物的危害。

（3）土中的有机质。土中的有机质是在土的形成过程中动、植物的残骸及其分解物质与土混掺沉积在一起经生物化学作用生成的物质，其成分比较复杂，主要有植物残骸、未完全分解的泥炭和完全分解的腐殖质。当有机质含量超过 5% 时，称为有机土。有机质亲水性很强，因此有机土压缩性大、强度低。因而，有机土不能作为堤坝等土方工程的填筑土料，否则会影响土方工程的质量。

1.2.2 土中的水

（1）结合水。研究表明，大多数黏土颗粒表面带有负电荷，因而，围绕土颗粒周围形成了一定强度的电场，使孔隙中的水分子极化，这些极化后的极性水分子和水溶液中所含的阳离子（如钾、钠、钙、镁等），在电场力的作用下定向地吸附在土颗粒周围，形成一层不可自由流动的水膜，这层水膜称为结合水，如图 1.1 所示。最靠近颗粒表面的水分子受电场力的作用非常强，随着距离增大，电场力将迅速减小，直至消失。为此，结合水又可根据受电场力作用的强弱分为强结合水和弱结合水。

1）强结合水。强结合水是指被强电场力紧紧地吸附在土粒表面附近的结合水膜。这部分水膜因受电场力作用大，与土粒表面结合得非常紧密。强结合水具有以下几个特点：

①密度比普通水大，为 1.2～2.4 g/cm³。

②冰点很低，可达−78 ℃。

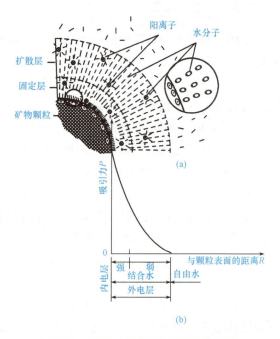

图 1.1 土粒与水分子相互作用的模拟

③沸点较高，在 105 ℃以上才能蒸发。

④很难移动。

⑤没有溶解能力。

⑥不传递静水压力。

失去了普通水的基本特性，其性质接近固体，具有很大的黏滞性、弹性和抗剪强度。

2）弱结合水。弱结合水是指分布在强结合水外围的结合水。这部分水膜由于距离颗粒表面较远，受电场力作用较小，它与土粒表面的结合不如强结合水紧密。弱结合水具有以下几个特点：

①密度比普通水大，其密度为 $1.0 \sim 1.7 \ \mathrm{g/cm^3}$。

②冰点低于 0 ℃。

③不传递静水压力。

④不能在孔隙中自由流动，却能以水膜的形式由水膜较厚处缓慢移向水膜较薄的地方，这种移动不受重力影响。

土中弱结合水的存在对黏性土的性质影响很大，可参阅本项目中无黏性土的物理状态。

（2）自由水。土的孔隙中位于结合水膜以外的水称自由水，自由水由于不受土粒表面静电场力的作用可在土的孔隙中自由移动。按其移动时所受的作用力不同可分为重力水和毛细水。

1）重力水。受重力作用在土的孔隙中流动的水称为重力水。重力水常处于地下水水位以下。重力水具有以下几个特点：

①可以传递静水压力和动水压力。

②具有溶解能力，可溶解土中的水溶盐，使土的强度降低，压缩性增大。

③可以对土颗粒产生浮托力。

④可以在水头差的作用下形成渗透水流，并对土粒产生渗透力，使土体发生渗透变形。

2）毛细水。土中存在着很多大小不同的孔隙，这些孔隙有些可以相互连通形成细小的通道（毛细管），由于水分子与土粒表面之间的附着力和水表面张力的作用，地下水将沿着土中的细小通道逐渐上升，形成一定高度的毛细水带。这部分在地下水水位以上的自由水称为毛细水，如图 1.2 所示。在土层中，毛细水上升的高度取决于土的粒径、矿物成分、孔隙的大小和形状等因素，可用试验方法测定。一般黏性土上升的高度较大，可达几米，而砂土的上升高度很小，仅几厘米至几十厘米，卵石、砾石土的毛细水上升高度接近零。

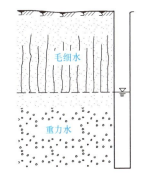

图 1.2　土层中的毛细水

毛细水的存在对工程是有害的。在工程实践中，由于毛细水的上升可能会使地基浸湿，地下室受潮或地基、路基产生冻胀，造成土的沼泽化及盐渍化等问题。另外，在一般潮湿的砂土（尤其是粉砂、细砂）中，孔隙中的水仅在土粒接触点周围并形成互不连通的弯液面。由于水的表面张力的作用，使弯液面下孔隙水中的压力小于大气压力，因而产生使土粒相互挤紧的力，这个力称为毛细压力。由于毛细压力的作用，砂土也会像黏性土一样，具有一定的黏聚力，如在湿砂中能开挖一定深度的直立坑壁，若砂土处在干燥或饱和状态时，毛细现象便不存在，毛细水连接即可消失，直立坑壁就会坍塌，故又将无黏性土粒间的这种连接力称为"假黏聚力"。

沙雕也是利用毛细水产生的假黏聚力，如图1.3所示。制作沙雕只能用沙和水为材料，由于沙雕会在一定时间内自然消解，不会造成任何环境污染，因此被称为"大地艺术"。

图 1.3　沙雕

1.2.3　土中的气相

土中孔隙中未被液相充满的部分必然被气相充填，因此，土中气相所占体积的大小取决于土的孔隙体积的大小和液相充填土中孔隙的程度。

土中的气体可分为两种基本类型：一种是与大气连通的气体；另一种是与大气不连通的、以气泡形式存在的封闭气体。与大气连通的气体，当受到外荷载作用时，易被排出土外，并随外界条件改变与大气有交换作用，也易被液相充填，处于动平衡状态。它一般对土的工程力学性质影响不大。封闭气体存在于呈封闭状态的土孔隙中，与大气隔绝。当含有封闭气体的土层在外荷载作用下，气泡被压缩，土层体积减小；而当外荷载减小或撤销时，气泡就会膨胀。所以，封闭气体可以使土的弹性增大，延长土的压缩过程，使土层不易压实。

另外，封闭气体还能阻塞土内的渗流通道，使土的渗透性减小。因此，在做土的渗透性试验时，对含有封闭气体的试样需要进行真空抽气饱和。

1.2.4　土的结构与构造

土的结构是指土粒的空间相互排列方式和颗粒间的相互连接特征，是在土的形成的整个历史过程中形成的。土的天然结构与土的矿物成分、颗粒形态和沉积条件有关。一般土的结构可归纳为三种基本类型，即单粒结构、蜂窝结构、絮状结构。天然结构没有受到扰动破坏的土样称为原状土样。将原状土破碎，在实验室内重新制备的土样，称为重塑土样。试验表明，原状土和重塑土的力学性质有很大的区别。土的性质不仅与其组成和物理状态相关，还与土的结构相关。

（1）单粒结构。单粒结构是粗粒土（如砂、砾等）呈现的结构特征。土粒在空气中或水中自由下沉时，与已沉稳的土粒相接触后，就会被已稳定的土粒支撑而稳定，各土粒相互依靠重叠，形成单粒结构。在这种结构中，随沉积条件的不同，而形成疏松或密实状态，如图 1.4 所示。

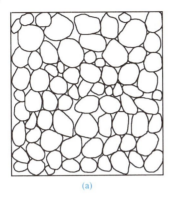 

(a) (b)

图 1.4　单粒结构

(a) 密实；（b）疏松

（2）蜂窝结构。蜂窝结构是以粉粒为主的土常呈现的结构特征。较细的土粒在其自重作用下下沉过程中，由于土粒小而轻，其颗粒间引力大于重力，正下沉的土粒就停留在已下沉土粒接触点上而不再改变其相对位置，逐渐形成链环状单元。很多这样的单元连接起来，就形成孔隙较大的蜂窝结构，如图 1.5 所示。

（3）絮状结构。絮状结构是细小的黏粒（粒径小于 0.005 mm）或胶粒常呈现的结构特征。黏粒靠自重在水中下沉时，由于黏粒粒径极小，质量也极小，下沉极为缓慢。黏粒表面带负电荷，颗粒间难以相互靠近形成团而下沉，在水中形成布朗运动而呈悬浮状态。当悬液发生变化时，如加入电解质、运动着的黏粒相互聚合等，土粒被凝聚成絮状物而下沉形成链环，多个链环彼此接触，就形成孔隙很大的絮状结构，如图 1.6 所示。

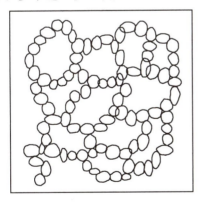 

图 1.5　蜂窝结构　　　　　　**图 1.6　絮状结构**

在天然状态下，任何一种土的结构并不是只存在某一种基本类型，而是常呈现出以某种结构为主、其他结构为辅的复合形式。其中，呈密实状态的单粒结构的土层，由于其土粒排列紧密、力学性能较好，在动荷载、静荷载作用下都不会产生较大的沉降，所以，强度较大、压缩性较小是较为良好的天然地基。而呈疏松状态的单粒结构的土层，其骨架不稳定，当受到振动或其他外力作用时，土粒易发生移动，土中孔隙剧烈减少，引起土体较大变形，这类土层如未经过处理一般不宜作为建筑物的地基。蜂窝结构和絮状结构的黏性土一般不稳定，在很小的外力作用下（如施工扰动）就可能被破坏。当土的结构受到破坏或扰动时，不仅改变了土粒的排列情况，也不同程度地破坏了土粒间的连接，从而影响土的工程性质。

在同一土层中的矿物成分和颗粒大小等都相近的各部分之间的相互关系的特征称为土的构造。土的构造的最主要的特征就是成层性，即层理构造。它是在土的形成过程中，由于不同阶段沉积的矿物成分、颗粒大小或颜色不同，而沿竖向呈现的成层特征。土的构造另一特征是土的裂隙性，如黄土层中存在的柱状裂隙。裂隙的存在大大降低了土体的强度和稳定性，增大了其透水性，对工程不利。另外，也应注意到土中有无包裹物（如腐殖质、贝壳、结核体等）及天然的或人为的孔洞存在，这些构造特征都易造成土的不均匀性。

>> 拓展阅读

青藏铁路精神

青藏高原作为世界屋脊，长时间以来可谓是与世隔绝，其地形险要，交通闭塞，物流不畅，高原居住的农民只能长期固守且自给自足。俗话说得好：要想富，先修路。我国建设者们克服万难建成的青藏铁路为西域高原的各族群众打开了幸福之门。

青藏铁路简称青藏线，是一条连接青海省西宁市至西藏自治区拉萨市的国铁Ⅰ级铁路，是中国21世纪四大工程之一，是通往西藏腹地的第一条铁路，也是世界上海拔最高、线路最长的高原铁路。

青藏铁路创造了很多世界第一：线路最长、海拔最高、冻土里程最长的高原铁路，最高、最长的高原冻土隧道，最长的高原冻土铁路桥，高原冻土铁路最高时速……

在青藏铁路建设中，中国中铁建设者们攻克了多项世界性技术难题。

中铁科研院西北院作为青藏铁路建设科学研究和技术咨询的主力军，为解决制约青藏铁路建设的"多年冻土、高原缺氧、环境脆弱"三大世界性难题，于1961年在青藏高原海拔4 907 m的风火山上，建立了我国第一个冻土观测站，持续研究了青藏铁路沿线多年冻土的分布特征及40多年来气候、地温的变化规律，进行了我国首例高原冻土区系统性实体工程试验，取得了多项研究成果，编制完成了我国第一部多年冻土区勘测设计的规范性文件，为解决青藏高原冻土区域铁路施工的多项关键核心技术问题，为保障青藏铁路的建设、运营安全提供了重要的技术支持。

昆仑山脉最显著的特点就是海拔均在4 000 m以上，这里的含氧量只有平原地区的50%，最低温度可达−30 ℃，生存条件极为恶劣。中铁五局承建的昆仑山隧道是世界高原多年冻土区第一长隧，采用了大量新技术、新材料、新工艺，证明了湿喷混凝土在高原多年冻土区隧道施工中的可行性，填补了国内技术空白，工程荣登第八批"中国企业新纪录榜"。

青藏铁路开工建设以来，1 800 多个日日夜夜，五度炎夏寒冬，10 多万建设大军在"生命禁区"，冒严寒，顶风雪，战缺氧，斗冻土，以惊人的毅力和勇气，挑战极限，战胜各种难以想象的困难，攻克了"高寒缺氧、多年冻土、生态脆弱"三大难题，谱写了人类铁路建设史上的光辉篇章。青藏铁路建设者以敢于超越前人的大智大勇，拼搏奋斗，开拓创新，攀登不止，在雪域高原上筑起了中国铁路建设新的丰碑，也铸就了挑战极限、勇创一流的青藏铁路精神。

1.3　土的物理性质指标

由于土是由固相、液相和气相三部分组成的，各部分含量的比例关系，直接影响土的物理性质和土的状态。例如，同样一种土，孔隙体积大时，强度较低，经过外荷载压实后，孔隙体积减小，强度会提高。对于黏性土，在含水率不同时，其性质也会有明显差别，当水的含量多时较软；而水的含量少时较硬。这些均可由土的三相成分比例关系的大小反映出来。

微课：土的物理
性质指标

在土力学中，为进一步描述土的物理力学性质，将土的三相成分比例关系量化，用一些具体的物理量表示，这些物理量就是土的物理力学性质指标，如含水率、密度、土粒比重、孔隙比、孔隙率和饱和度等。

1.3.1　土的三相草图

为了形象、直观地表示土的三相组成比例关系，常用三相草图来表示土的三相组成，如图 1.7 所示。三相草图的左侧表示三相组成的质量；三相草图的右侧表示三相组成的体积。

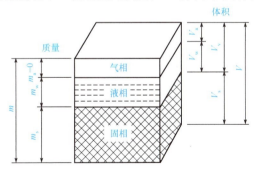

图 1.7　土的三相草图

图中，W 表示重量，m 表示质量，V 表示体积。下标 a 表示气体，下标 s 表示土粒，下标 w 表示水，下标 v 表示孔隙。如 W_s、m_s、V_s 分别表示土粒重量、土粒质量和土粒体积。

土的三相比例指标可分为两类：一是可通过试验直接测定的实测指标；二是可通过试验测定的指标换算得到的换算指标。

1.3.2 实测指标

实测指标包括土的密度、土的含水率和土的相对密度三个指标。

（1）土的密度（ρ）。

1）定义：土的密度是指单位体积土的质量。在三相草图中，即总质量与总体积之比，单位用 g/cm³ 或 kg/m³ 计。其计算公式如下：

$$\rho = \frac{m}{V} = \frac{m_s + m_w}{V_s + V_w + V_a} \tag{1.1}$$

对黏性土，土的密度常用环刀法测得。即用一定容积 V 的环刀切取试样，称得质量 m，即可求得密度，通常称为天然密度或湿密度。

由于重量（G）与质量（m）存在 $G = mg$ 的关系，所以土的重度 γ 与土的密度的关系如下：

$$\gamma = \rho g \tag{1.2}$$

其中，g 为重力加速度（$g = 9.8\ \text{m/s}^2$），有时工程上为了计算方便，取 $g = 10\ \text{m/s}^2$。土的密度随土的三相组成比例不同而异，一般情况为 $1.60 \sim 2.20\ \text{g/cm}^3$。

2）测定方法：土的密度用"环刀法"测定，将环刀放在原状土样上面，边压边削去环刀外围的土，直至土样压满环刀容积为止，称得环刀内土样质量，与环刀容积之比即土的密度。

土的密度一般常用环刀法测定，具体方法见本书中检测任务 1.2 "测定黏土料场土的天然密度"。工程中现场测定土的密度常用灌砂法、灌水法及核子密度仪测定方法。

（2）土的含水率（w）。

1）定义：土中水的质量与土颗粒质量之比，称为含水率。土中的含水率常用百分数来表示，即

$$w = \frac{m_w}{m_s} \times 100\% \tag{1.3}$$

式中　w——土的含水率（%）；

　　　m_w——土中水的质量（g）；

　　　m_s——土在 105 ℃～110 ℃下烘干至恒重时干土的质量（g）。

天然含水率 w 是反映土的湿度的一个重要物理指标。天然状态下的含水率称天然含水率，变化幅度很大，与土的种类、埋藏条件及所处的自然地理环境等有关。一般干的粗砂土，其值接近零，而饱和砂土，可达 40%；黏性土的含水率在风干状态下，一般在 3%～6% 范围内，潮湿状态时为 15%～60%，而饱和状态的软黏性土（如淤泥或泥炭），则可达 60% 甚至高达 100%～300%。一般来说，同一类土，当其含水率增大时，强度就降低，压缩性也会增大。因此，土的含水率是控制填土压实质量、确定地基承载力特征值和换算其他物理性质指标的重要指标。

2）测定方法：一般采用"烘干法"测定。在野外当无烘箱设备或要求快速测定含水率时，可用酒精燃烧法、炒干法、微波法等快速测定含水率。

（3）土粒比重（G_s）。

1）定义：土粒比重是指土在 105 ℃～110 ℃下烘干至恒重时的质量（土粒的质量）与同体积纯水在 4 ℃时质量的比值，简称相对密度。其表达式为

$$G_s = \frac{m_s}{V_s \rho_w^{4℃}} \tag{1.4}$$

式中　G_s——土粒比重，无量纲；

　　　$\rho_w^{4℃}$——4 ℃时纯水的密度，一般取 $\rho_w^{4℃}=1.0$ g/cm³；

　　　m_s——土在 105 ℃～110 ℃下烘干至恒重时干土的质量（g）；

　　　V_s——土粒体积（cm³）。

土粒比重是一个无量纲指标，其值取决于土的矿物成分和有机质含量，一般在 2.60～2.80 范围内，但如果土中含有较多的有机质时，土粒比重会明显减小，甚至达到 2.40 以下。

在工程实践中，由于各类土的相对密度变化幅度不大，除重大建筑物及特殊情况外，可按经验数值选用。一般土粒的相对密度见表 1.1。

表 1.1　土粒比重的一般数值

土名	砂土	砂质粉土	黏质粉土	粉质黏土	黏土
土粒比重	2.65～2.69	2.70	2.71	2.72～2.73	2.74～2.76

2）测定方法：比重瓶法、浮称法、虹吸筒法等。选择试验方法可根据粒径大小不同选取，粒径小于 5 mm 的土，用比重瓶法进行；粒径不小于 5 mm 的土，且其中粒径大于 20 mm 的颗粒含量小于 10％时，应用浮称法；粒径大于 20 mm 的颗粒含量不小于 10％时，应用虹吸筒法。

1.3.3　换算指标

除上述三个试验指标外，还有六个可以计算求得的指标，称为换算指标。其包括土的干密度（干重度）、饱和密度（饱和重度）、有效重度、孔隙比、孔隙率和饱和度。

1. 与密度有关的指标

（1）干密度 ρ_d 与干重度 γ_d。

1）干密度 ρ_d：土的固相质量 m_s 与总体积 V 之比，即

$$\rho_d = \frac{m_s}{V} \tag{1.5}$$

式中　ρ_d——土的干密度（g/cm³）；

　　　m_s——土在 105 ℃～110 ℃下烘干至恒重时干土的质量（g）；

　　　V——土的总体积（cm³）。

同样的土，当其 ρ_d 越大时，土越密实。在工程上常把干密度作为评定土体紧密程度的标准，以控制填土工程的施工质量。在土方填筑时，常以土的（干密度）来控制土的夯实标准。

2）干重度 $\gamma_d = \rho_d g$。

（2）饱和密度 ρ_{sat} 与饱和重度 γ_{sat}。

1）饱和密度 ρ_{sat}：土中孔隙全部充满水时，单位体积土的质量。

$$\rho_{sat} = \frac{m_s + V_v \rho_w}{V} \tag{1.6}$$

式中　ρ_{sat}——土的饱和密度（g/cm³）；

　　　m_s——土在105 ℃～110 ℃下烘干至恒重时干土的质量（g）；

　　　V_v——土中孔隙体积（cm³）；

　　　V——土的总体积（cm³）。

2）饱和重度 $\gamma_{sat} = \rho_{sat} \cdot g$。

（3）有效密度 ρ' 和有效重度（浮重度）γ'。

1）有效密度 ρ'：在地下水水位以下，单位体积中土粒的质量扣除同体积水的质量后，即单位土体积中土粒的有效质量，称为土的有效密度 ρ'，即

$$\rho' = \frac{m_s - V_s \rho_w}{V} \tag{1.7}$$

式中　V_s——土粒的体积（cm³）。

2）有效重度 $\gamma' = \rho' g$。有效密度概念的引入方便了一些理论的理解和计算，主要是用来计算地下水水位以下土的自重应力。

2. 与孔隙有关的指标

（1）土的孔隙比 e。土中孔隙体积与颗粒体积之比，称为孔隙比，即

$$e = \frac{V_v}{V_s} \tag{1.8}$$

（2）孔隙率 n。土中孔隙体积与总体积之比，称为土的孔隙率，以百分数表示，即

$$n = \frac{V_v}{V} \times 100\% \tag{1.9}$$

孔隙比和孔隙率是表明土密实程度的很重要的物理指标，建筑物的沉降量与地基土的孔隙比有着密切的关系。孔隙率表示孔隙体积占土的总体积的百分数，所以其值恒小于100%。土的孔隙比主要与土粒的大小及其排列的松密程度有关。一般砂土的孔隙比为0.4～0.8，黏土的孔隙比为0.6～1.5，有机质含量高的土，孔隙比甚至可高达2.0以上。

孔隙比和孔隙率都是反映土的密实程度的指标。对于同一种土 e 或 n 越大，表明土越疏松；反之，土越实。在计算地基沉降量和评价砂土的密实度时，常用孔隙比而不用孔隙率。而在堆石体碾压质量检测时，相关规范中以孔隙率指标控制。

3. 与水和孔隙有关的指标

与水和孔隙有关的指标主要有土的饱和度 S_r。土中水的体积与孔隙体积之比，以百分数表示，即

$$S_r = \frac{V_w}{V_v} \times 100\% \tag{1.10}$$

土的饱和度反映土中孔隙被水充满的程度。如果 $S_r = 100\%$，表明土孔隙中充满水，土是完全饱和的；$S_r = 0$，则土是完全干燥的。通常可根据饱和度的大小将砂土划分为稍湿、很湿和饱和三种状态。即

$$S_r \leqslant 50\% \qquad 稍湿$$
$$50\% < S_r \leqslant 80\% \qquad 很湿$$
$$S_r > 80\% \qquad 饱和$$

1.3.4 换算指标与实测指标间的换算关系

换算指标可由三个试验指标换算出来。常用的换算指标计算顺序如图 1.8 所示。

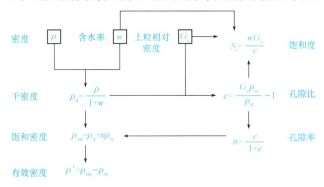

图 1.8 土的物理性质换算指标计算

【例 1.1】 用体积 $V = 50$ cm³ 的环刀切取原状土样，用天平称出土样的湿土质量为 94.00 g，烘干后为 75.63 g，测得土样的相对密度 $G_s = 2.68$。求该土的湿重度 γ、含水率 w、干重度 γ_d、孔隙比 e 和饱和度 S_r 各为多少？

解：（1）湿密度：

$$\rho = \frac{m}{V} = \frac{94.00}{50} = 1.88 \ (g/cm^3)$$

（2）含水率：

$$w = \frac{m_w}{m_s} \times 100\% = \frac{m - m_s}{m_s} \times 100\% = \frac{94.00 - 75.63}{75.63} \times 100\% = 24.3\%$$

（3）干密度：

$$\rho_d = \frac{\rho}{1 + w} = \frac{1.88}{1 + 0.243} = 1.51 \ (g/m^3)$$

（4）孔隙比：

$$e = \frac{G_s \rho_w}{\rho_d} - 1 = \frac{2.68 \times 1}{1.51} - 1 = 0.77$$

（5）饱和度：

$$S_r = \frac{w G_s}{e} \times 100\% = \frac{0.243 \times 2.68}{0.77} \times 100\% = 84.6\%$$

检测任务 1.1 测定黏土料场土的天然含水率

本任务土检测委托单见表 1.2。

表 1.2 土检测委托单

委托日期：2021 年 11 月 6 日	试验编号：TG-2021-0114
样品编号：20211106012	流转号：TG-2021-00212
委托单位：××建筑工程有限公司	
工程名称：××市 SW 水库建筑及安装工程	
建设单位：××市 SW 水库建设有限公司	
监理单位：××建筑工程咨询有限公司	
施工单位：××建筑工程有限公司	
使用部位：土方填筑区	取样地点：坝体心墙
委 托 人：××	见证人员：×××
联系电话：	收样人：
检测性质：施工自检	
检测依据：	□《土工试验方法标准》(GB/T 50123—2019)
检验项目（在序号上画"√"）： √. 含水率　　 2. 密度　　 3. 相对密度　　 4. 压实度	
其他检验项目：	

检测任务描述：施工现场进行填筑时需要控制其含水率，黏土料场土料的天然含水率的大小决定了土料是否可以直接使用，需要对土料进行翻晒还是洒水。

一、烘干法测定含水率

1. 试验目的

含水率试验的目的是测定土的含水率，以了解土的干湿度及含水情况。

2. 试验方法

采用烘干法（室内试验标准方法）。

采用烘干法是将试样放入烘箱中，在 105 ℃～110 ℃下烘至恒重来测定含水率的方法。

视频：土的含水率
试验（烘干法）

3. 仪器设备

（1）烘箱：可采用电热烘箱或温度能保持在 105 ℃～110 ℃的其他能源烘箱。

（2）电子天平：量程 200 g，分度值 0.01 g。

（3）电子台秤：量程 5 000 g，分度值 1 g。

（4）其他：干燥器、称量盒。

4. 试验步骤

步骤 1：取代表性试样。

称取的代表性试样质量：细粒土 15～30 g，砂类土 50～100 g，砂砾石 2～5 kg。

（1）称取称量盒质量。

（2）称取试样与称量盒质量：将试样放入称量盒，立即盖好盒盖，称出盒与湿土的总质量。精度要求：细粒土、砂类土称量应精确至 0.01 g，砂砾石称量应精确至 1 g。当使用恒质量盒时，可先将其放置在电子天平或电子台秤上清零，再称量装有试样的恒质量盒，称量结果即湿土质量。

步骤 2：烘干。

打开盒盖，将试样和盒放入烘箱，在温度 105 ℃～110 ℃下烘至恒重。注意烘干时间和温度控制，随土质不同而定。砂类土不少于 6 h，黏质土不少于 8 h，对于有机质含量为 5％～10％的土，应将烘干温度控制在 65 ℃～70 ℃的恒温下烘至恒重。

步骤 3：冷却并称量。

将烘干后的试样和盒取出，盖好盒盖放入干燥器内冷却至室温，称出盒与干土质量，精确至 0.01 g。

5. 试验记录

把试验数据记录到表 1.3 中。

表 1.3　含水率试验记录计算表

委托日期		试验编号		试验者		
试验日期		流转号		校核者		
仪器设备						
试样说明						
试验成果	盒号	盒质量/g	盒＋湿土质量/g	盒＋干土质量/g	水质量/g	干土质量/g	含水率/％	平均含水率/％

6. 成果整理

按下式计算土的含水率：

$$w = \left(\frac{m_w}{m_d} - 1 \right) \times 100\% \tag{1.11}$$

式中　w——含水率，计算至 0.1％；

　　　m_w——湿土质量（g）；

m_d——干土质量（g）。

含水率试验需要进行 2 次平行测定，允许平行差值不能超过表 1.4 中规定的数值，试验结果取其算术平均值。在计算含水率及其算术平均值时注意修约。

表 1.4 含水率测定的允许平行差值

含水率/%	允许平行差值/%
<10	±0.5
10~40	±1.0
>40	±2.0

7. 成绩评价

试验结束后，成绩按表 1.5 中各考核点及评价标准进行评价。

表 1.5 烘干法测定含水率成绩评价表

项目	序号	考核点	评价标准	扣分点	得分
试验准备	1	天平调平，开机预热（5分）	天平未调平，扣 5 分		
	2	天平校准（5分）	天平未校准，扣 5 分；未正确校准扣 3 分		
试验操作	1	称取铝盒的质量（10分）	称量铝盒质量，并在试验表格及时记录，未称重或未及时记录，扣 10 分		
	2	铝盒内装入土样（10分）	铝盒内土样质量不符合规范要求（细粒土 15 g~30 g，砂类土 50 g~100 g），扣 10 分		
	3	称取铝盒和湿土的质量（10分）	称量铝盒和湿土质量，并在试验表格中及时记录，未称重或未及时记录，扣 10 分		
	4	烘箱使用和土样冷却（30分）	烘箱温度调节错误，扣 10 分；未按要求对不同土质确定相应的烘干时间，扣 10 分；烘干后的土样未及时放入干燥器内冷却，扣 10 分		
	5	称取铝盒和干土质量（10分）	称量铝盒和干土质量，并在试验表格及时记录，未称重或未及时记录，扣 10 分		
数据处理	1	计算（10分）	计算错误，扣 5 分；平行差错误，扣 5 分		
劳动素养	1	试验结束仪器设备的整理（4分）	未关闭设备的，每个扣 2 分，共 4 分，扣完为止		
	2	试验操作台及地面清理（6分）	清理不干净，每处扣 3 分，共 6 分，扣完为止		
总分			权重	最终得分	

二、酒精燃烧法

酒精燃烧法是利用酒精燃烧的热量使试样变干，从而快速测定含水率的方法。

视频：土的含水率试验（酒精燃烧法）

1. 仪器设备

（1）电子天平：量程 200 g，分度值 0.01 g。

（2）酒精：纯度不得小于 95％。

（3）其他：滴管、火柴、调土刀、称量盒等。

2. 操作步骤

（1）取代表性试样。称取的代表性试样质量：黏性土 5～10 g，砂质土 20～30 g。

1）称取称量盒质量，精确至 0.01 g。

2）称取称量盒和试样质量：把适量代表性试样放入称量盒，立即盖好盒盖，称出盒与湿土的总质量，精确至 0.01 g。

（2）酒精燃烧。

1）加入适量酒精。用滴管将酒精注入放有试样的称量盒，直至盒中出现自由液面为止，为使酒精在试样中充分混合均匀，可将盒底在桌面上轻轻敲击。

2）点燃酒精。点燃称量盒中酒精，烧至火焰熄灭。

3）试样冷却数分钟，重复步骤 1）和 2），再重复燃烧 2 次。

（3）称取称量盒加干土总质量。当第 3 次火焰熄灭后，立即盖好盒盖，称取称量盒加干土质量，精确至 0.01 g。

3. 试验记录

试验数据记录到表 1.6 中。

表 1.6　含水率试验记录计算表

委托日期			试验编号			试验者		
试验日期			流转号			校核者		
仪器设备								
试样说明								
试验成果	盒号	盒质量/g	盒+湿土质量/g	盒+干土质量/g	水质量/g	干土质量/g	含水率/%	平均含水率/%

4. 成果整理

按式（1.12）计算土的含水率：

$$w = \left(\frac{m_w}{m_d} - 1 \right) \times 100\%$$

（1.12）

式中　w——含水率，计算至 0.1%；

　　　m_w——湿土质量（g）；

　　　m_d——干土质量（g）。

　　试验需要进行 2 次平行测定，允许平行差值不能超过表 1.4 中规定的数值，试验结果取其算术平均值。成果填入表 1.4 中。

　　注意：使用酒精燃烧时，必须规范操作，注意安全，避免出现火灾。

5. 成绩评价

　　试验结束后，成绩按表 1.7 中各考核点及评价标准进行评价。

表 1.7　酒精燃烧法测定含水率成绩评价表

项目	序号	考核点	评价标准	扣分点	得分
试验准备	1	天平调平，开机预热（5分）	天平未调平，扣 5 分		
	2	天平校准（5分）	天平未校准，扣 5 分；未正确校准扣 3 分		
试验操作	1	称取铝盒的质量（10分）	称量铝盒质量，并在试验表格及时记录，未称重或未及时记录，扣 10 分		
	2	铝盒内装入土样（10分）	铝盒内土样质量不符合规范要求（黏土 5～10 g，砂土 20～30 g），扣 10 分		
	3	称取铝盒和湿土的质量（10分）	称量铝盒和湿土质量，并在试验表格及时记录，未称重或未及时记录，扣 10 分		
	4	用滴管加入酒精燃烧（30分）	用滴管加入酒精直至出现自由液面，未用滴管加入酒精或加入酒精未出现自由液面，扣 10 分；酒精燃烧至自然熄灭后，冷却不少于 1 min，未自然熄灭或未达到冷却时间，扣 10 分；燃烧次数至少 3 次，少于 3 次，扣 10 分		
	5	称取铝盒和干土质量（10分）	称量铝盒和干土质量，并在试验表格及时记录，未称重或未及时记录，扣 10 分		
数据处理	1	计算（10分）	计算错误，扣 5 分；平行差错误，扣 5 分		
劳动素养	1	试验结束仪器设备的整理（4分）	未关闭设备的，每个扣 2 分，共 4 分，扣完为止		
	2	试验操作台及地面清理（6分）	清理不干净，每处扣 3 分，共 6 分，扣完为止		
总分			权重	最终得分	

检测任务 1.2　测定黏土料场土的天然密度

本任务土检测委托单见表1.8。

表 1.8　土检测委托单

委托日期：2021 年 11 月 6 日	试验编号：TG-2021-0114
样品编号：20211106012	流转号：TG-2021-00212
委托单位：××建筑工程有限公司	
工程名称：××市 SW 水库建筑及安装工程	
建设单位：××市 SW 水库建设有限公司	
监理单位：××建筑工程咨询有限公司	
施工单位：××建筑工程有限公司	
使用部位：土方填筑区	取样地点：黏土料场
委 托 人：××	见证人员：×××
联系电话：	收样人：
检测性质：施工自检	
检测依据：	□《土工试验方法标准》（GB/T 50123—2019）
检验项目（在序号上画"√"）：　1. 含水率　2. 密度　3. 相对密度　4. 压实度	
其他检验项目：	

检测任务描述：细粒土的天然密度的测定可以采用环刀法、蜡封法、灌水法和灌砂法等。本任务是用环刀法测定黏土料场黏性土的天然密度，依据黏土层的厚度，可以计算黏土料场黏土土料的储量，以判断黏土储量是否满足心墙填筑用土。密度的测定既可用于检测现场施工质量是否符合设计要求，也可供换算土的其他物理性质指标和工程设计之用。

对于细粒土，宜采用环刀法，也可采用灌水法或灌砂法；土样易碎裂，难以切削，形状不规则，可采用蜡封法。

1.2.1　环刀法测定土的密度

1. 试验目的

密度试验的目的是测定土的密度，了解土的疏松状态。

2. 试验方法：环刀法

环刀法就是采用一定体积的环刀切取土样并称土质量的方法，环刀内土的质量与环刀体积之比即土的密度。

视频：土的密度试验（环刀法）

环刀法的操作简便、准确，在室内和野外均可普遍采用，但环刀法只适用于测定不含砾石颗粒的细粒土的密度。

3. 仪器设备

（1）不锈钢恒质量环刀：尺寸参数应符合现行国家标准《岩土工程仪器基本参数及通用技术条件》（GB/T 15406—2007）的规定。

(2) 量程 500 g、最小分度值 0.1 g 的电子天平。

(3) 切土刀、钢丝锯、凡士林、玻璃片等。

4. 操作步骤

(1) 检查仪器设备。检查本试验所需仪器设备是否齐全，是否能够正常运行。

(2) 备样。按工程需要取原状土试样或人工制备所需状态的扰动土试样，用切土刀将土样削成略大于环刀直径的土柱，整平两端放在玻璃板上。

(3) 称取环刀质量，并记录。用电子天平称量环刀质量，精确至 0.1 g。

(4) 环刀取样。将环刀内壁涂一薄层凡士林，刀刃向下放在土样上面，然后将环刀垂直下压，边压边削，至土样上端伸出环刀为止，根据试样的软硬程度，采用钢丝锯或刮土刀将两端余土削去修平，并及时在两端盖上玻璃片，以免水分蒸发；削出土样留做含水率试验。

(5) 称环刀加湿土质量，并记录。擦净环刀外壁并移去玻璃片，称取环刀加土样质量，精确至 0.1 g。

5. 试验记录

环刀法测密度试验记录见表 1.9。

表 1.9　密度试验记录表（环刀法）

委托日期		试验编号		试验者	
试验日期		流转号		校核者	
仪器设备					
试样说明					

试样编号	环刀号	环刀容积 /cm³	环刀质量 /g	环刀加湿土质量/g	湿土质量 /g	湿密度 / (g·cm⁻³)	含水率/%	干密度 / (g·cm⁻³)	平均干密度 (/g·cm⁻³)

6. 成果整理

按式（1.13）计算湿密度和干密度：

$$\rho = \frac{m}{V} = \frac{m_2 - m_1}{V} \tag{1.13}$$

式中　ρ——湿密度（g/cm³），精确至 0.01 g/cm³；

m——湿土质量（g）；

m_2——环刀加湿土质量（g）；

m_1——环刀质量（g）；

V——环刀容积（cm³）。

按式（1.14）计算干密度：

$$\rho_d = \frac{\rho}{1+0.01w} \tag{1.14}$$

式中 ρ_d——干密度（g/cm³），精确至 0.01 g/cm³；

ρ——湿密度（g/cm³），精确至 0.01 g/cm³；

w——含水率（%）。

环刀法试验应进行两次平行测定，两次测定的密度差值不得大于 0.03 g/cm³，并取其两次测值的算术平均值。计算结果填入表 1.10 中。

7. 成绩评价

试验结束后，成绩按表 1.10 中各考核点及评价标准进行评价。

表 1.10　环刀法测定密度试验成绩评价

项目	序号	考核点	评价标准	扣分点	得分
试验准备	1	天平调平，开机预热（5分）	天平未调平，扣 5 分		
	2	天平校准（5分）	天平未校准，扣 5 分；未正确校准扣 3 分		
试验操作	1	称量环刀的质量（10分）	称量环刀质量，并在试验表格及时记录，未称重或未及时记录，扣 10 分		
	2	环刀内壁涂凡士林（10分）	环刀内壁未涂凡士林，扣 5 分		
	3	表层土体铲除（10分）	表层土体未铲除，扣 5 分		
	4	环刀取样（两个环刀分别取样）（10分）	取土样时未安装环刀手柄、直接砸击环刀，扣 10 分；环刀方向放置错误，扣 5 分；挖出环刀后，环刀底部或顶部土体未完全超过环刀，扣 5 分		
	5	削土（10分）	削土使环刀两端土体平整，土体低于环刀端面，扣 5 分		
	6	称量环刀和湿土的质量（10分）	称量环刀和湿土的质量，并在试验表格及时记录，未称重或未及时记录，扣 5 分		
数据处理	1	湿密度计算（10分）	计算错误，扣 10 分；平行差错误，扣 5 分		
	2	干密度计算（10分）	计算错误，扣 10 分；平行差错误，扣 5 分		
劳动素养	1	试验结束仪器设备的整理（4分）	未关闭设备的，每个扣 2 分，共 4 分，扣完为止		
	2	试验操作台及地面清理（6分）	清理不干净，每处扣 3 分，共 6 分，扣完为止		
总分			权重	最终得分	

环刀法测定土的密度现场检测报告如图1.9所示。

2022060107K

现场检测报告

工程名称：　××市SW水库建筑及安装工程

委托单位：　××建筑工程有限公司　　建筑单位：　××市SW水库建筑有限公司

监理单位：　××建筑工程咨询有限公司　　检测位置：　浆砌石挡土墙土方回填

取样范围：　左岸　检测性质：　自检　铺土厚度：　40 cm　试验方法：　环刀法

评价指标：　压实度≥0.90　土料类别：　黏土　最大干密度：　1.67 g/cm³

检测依据：　《水利水电工程单元工程施工质量验收评定标准　堤防工程》（SL 634—2012）

单元编号	检测时间	层数	取样位置		含水率/%	平均含水率/%	湿密度/(g·cm⁻³)	平均湿密度/(g·cm⁻³)	干密度/(g·cm⁻³)	压实板	备注
			桩号	高程/m							
1+440 ～ 1+600	2022. 05.27	第一层	1+440	34.58	16.9	16.7	1.74	1.75	1.50	0.90	
					16.5		1.76				
			1+460	34.57	17.2	17.6	1.81	1.80	1.53	0.92	
					17.9		1.79				
		第二层	1+495	34.98	19.2	19.3	1.83	1.81	1.52	0.91	
					19.3		1.80				
		第三层	1+520	35.38	19.1	19.5	1.81	1.80	1.51	0.90	
					19.9		1.80				
		第四层	1+550	35.78	19.2	19.5	1.84	1.83	1.53	0.92	
					19.9		1.82				
		第五层	1+570	36.18	18.2	18.4	1.80	1.79	1.51	0.90	
					18.6		1.78				
		第六层	1+590	36.58	18.4	18.7	1.83	1.82	1.53	0.92	
					19.0		1.80				
		第七层	1+405	36.98	16.4	16.6	1.80	1.80	1.54	0.92	
					16.8		1.79				
		第八层	1+475	37.38	16.8	16.9	1.78	1.78	1.52	0.91	
					16.9		1.77				

图1.9　环刀法测定土的密度现场检测报告

1.2.2　蜡封法测定土的密度

1. 试验目的

密度试验的目的是测定土的密度是否满足设计和施工需要。

2. 试验方法：蜡封法

蜡封法就是用蜡液包裹住一定体积的土样，浸没到蒸馏水中以测出土样和蜡液的体积，扣除蜡液的体积即得土样的体积，土样的质量与土样体积之比即土的密度。

蜡封法适用于土中含有粗粒土或坚硬易碎难以用环刀切割的土，或者试样量少只有小块、形状不规则。

3. 仪器设备

（1）蜡封设备：应附熔蜡加热器，也可使用烧杯和加热设备。

（2）静水天平：量程 500 g、最小分度值 0.1 g 的电子天平，如图 1.10 所示。

（3）电子天平：量程 200 g，分度值 0.01 g。

（4）针、切土刀、细线等。

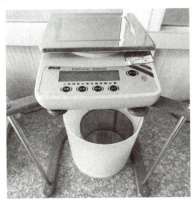

图 1.10　电子静水天平

4. 操作步骤

蜡封法试验应按下列步骤进行：

（1）熔蜡。将蜡放入熔蜡加热器或玻璃烧杯中加热，把蜡熔化。

（2）试样系于细线上称量。切取约 30 cm 的试样，或其他不规则土样。削去松浮表土及尖锐棱角后，系于细线上称量，准确至 0.01 g。

注意：取样时注意有没有孔洞，如果有孔洞，会使测得的试样体积大于土样的实际体积。

（3）测含水率。取代表性试样测定含水率。方法参考含水率测定方法。

（4）蜡封试样并称量。持线的自由一端将试样徐徐浸入刚过熔点的蜡中，待全部沉浸后，立即将试样提起。检查涂在试样四周的蜡中有无气泡存在。当有气泡时，应用热针刺破，并涂平孔口。冷却后称蜡封试样质量，准确至 0.1 g。

（5）称量蜡封试样浸没于水中的质量。静水天平筒中注入纯水，将系于试样上的细线自由端系到静水天平挂钩上，并使试样浸没于纯水中进行称量，准确至 0.1 g，同时测记纯水的温度。

注意：观察蜡封试样是否完全浸没于水中，若没有完全浸没，则应是线长不够；或者是否沉在筒底，若是沉于筒底，则是线太长。此两种情况均不能正确测定蜡封试样浸没于水中的质量。

（6）再次称量蜡封试样质量。取出试样，擦干蜡表面的水分，用天平称量蜡封试样，准确至 0.1 g。如果试样质量增加，则说明蜡封效果较差，有水渗入，此时，应另取试样重做试验。

5. 试验记录

蜡封法测密度试验记录见表 1.11。

表 1.11 蜡封法测密度试验记录表

委托日期		试验编号		试验者	
试验日期		流转号		校核者	
仪器设备					
试样说明					

试样质量/g	试样加蜡质量/g	试验加蜡在水中质量/g	温度/℃	水的密度/ (g·cm⁻³)	试验加蜡体积/cm³	蜡体积/cm³	试样体积/cm³	湿密度/ (g·cm⁻³)	含水率/%	干密度/ (g·cm⁻³)	平均干密度/ (g·cm⁻³)

结论：样品的干密度为

6. 成果整理

按式（1.15）计算试样的湿密度：

$$\rho = \frac{m_0}{\dfrac{m_n - m_{nw}}{\rho_{wT}} - \dfrac{m_n - m_0}{\rho_n}} \tag{1.15}$$

式中 ρ——试样的密度（g/cm³）；

m_0——试样的质量（g）；

m_n——试样加蜡的质量（g）；

m_{nw}——试样加蜡浸没于水中后的质量（g）；

ρ_{wT}——纯水在 T 时的密度（g/cm³），准确至 0.01 g/cm³；

ρ_n——蜡的密度（g/cm³）。

按式（1.16）计算试样的干密度：

$$\rho_d = \frac{\rho}{1 + 0.01\,w} \tag{1.16}$$

式中 ρ_d——试样的干密度（g/cm³），准确至 0.01 g/cm³；

ρ——式（1.15）计算出的试样的湿密度（g/cm³）；

w——试样含水率（%）。

7. 成绩评价

试验结束后，成绩按表 1.12 中各考核点及评价标准进行评价。

表 1.12　蜡封法测定密度成绩评价表

项目	序号	考核点	评价标准	扣分点	得分
试验准备	1	天平调平，开机预热（5分）	天平未调平，扣5分		
	2	天平校准（5分）	天平未校准，扣5分；未正确校准扣3分		
试验操作	1	准备试样（10分）	未削去松浮表土及尖锐棱角，扣10分		
	2	称取铝盒的质量（10分）	称量铝盒质量，并在试验表格中及时记录，未称重或未及时记录，扣5分		
	3	铝盒内装入土样（10分）	铝盒内土样质量不符合规范要求（黏土5～10 g，砂土20～30 g），扣5分		
	4	称取铝盒和湿土的质量（5分）	称量铝盒和湿土质量，并在试验表格中及时记录，未称重或未及时记录，扣5分		
	5	将试样放入蜡溶液（10分）	试样未全部浸入蜡溶液，扣5分；试样四周的蜡中有气泡未处理，扣5分		
	6	称取蜡封试样质量（5分）	称取蜡封试样质量，并在试验表格中及时记录，未称重或未及时记录，扣5分		
	7	称取试样浸没于水中的质量（5分）	称取试样浸没于水中的质量，并在试验表格中及时记录，未称重或未及时记录，扣5分		
	8	测记水的温度（5分）	未测记水的温度，扣5分		
	9	擦干蜡表面的水分，并称量质量（10分）	未擦干蜡表面的水分，扣5分；未称量蜡封试样质量，扣5分		
数据处理	1	计算（10分）	计算错误，扣5分；平行差错误，扣5分		
劳动素养	1	试验结束仪器设备的整理（4分）	未关闭设备的，每个扣2分，共4分，扣完为止		
	2	试验操作台及地面清理（6分）	清理不干净，每处扣3分，共6分，扣完为止		
总分			权重	最终得分	

检测任务 1.3 测定土粒比重

本任务土检测委托单见表 1.13。

表 1.13 土检测委托单

委托日期：2021 年 11 月 6 日	试验编号：TG-2021-0114
样品编号：20211106012	流转号：TG-2021-00212
委托单位：××建筑工程有限公司	
工程名称：××市 SW 水库建筑及安装工程	
建设单位：××市 SW 水库建设有限公司	
监理单位：××建筑工程咨询有限公司	
施工单位：××建筑工程有限公司	
使用部位：土方填筑区	取样地点：黏土料场
委托人：××	见证人员：×××
联系电话	收样人：
检测性质：施工自检	
检测依据：	□《土工试验方法标准》（GB/T 50123—2019）
检验项目（在序号上画"√"）：√. 土粒比重 2. 颗粒分析 3. 界限含水率 4. 击实 5. 直剪 6. 三轴 7. 压缩 8. 有机质	
其他检验项目：	

检测任务描述：土粒比重指标是土的 3 个实测指标之一，在土的换算指标的计算及细粒土颗粒分析试验、击实试验中等都需要用到。规范《土工试验方法标准》（GB/T 50123—2019）中介绍了三种不同的试验方法，针对不同的土的具体情况可以选择不同的试验方法进行土粒比重测定。

（1）比重瓶法：适用于粒径小于 5 mm 的土。

（2）浮称法：适用于粒径大于 5 mm 的土，其中含粒径大于 20 mm 颗粒小于 10%。

（3）虹吸筒法：适用于含粒径大于 20 mm 颗粒大于 10% 时；粒径小于 5 mm 部分，用比重瓶法进行，取其加权平均值作为土粒比重。

一般土粒的相对密度用纯水测定，对含有可溶盐、亲水性胶体或有机质的土，须采用中性液体（如煤油）测定。

本检测任务采用比重瓶法测定土粒比重。

1. 试验目的

测定土粒比重，为计算其他物理力学性质指标提供必要的数据。

比重瓶法是通过将称好质量的干土放入盛满水的比重瓶，根据前后质量差异，计算土粒的体积，从而进一步计算出土粒比重。

视频：土的比重试验

2. 仪器设备

（1）比重瓶：容量 100 mL（或 50 mL），分长颈和短颈两种。

（2）电子天平：量程 200 g，分度值 0.001 g。

（3）电热恒温水浴锅：最大允许误差应为 ±1 ℃，如图 1.11 所示。

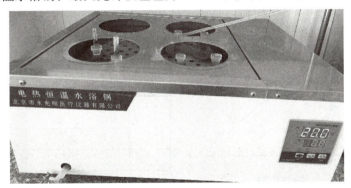

图 1.11　电热恒温水浴锅

（4）电砂浴箱：能调节温度，如图 1.12 所示。

图 1.12　电砂浴箱

（5）真空抽气设备：真空度 −98 kPa。

（6）温度计：刻度为 0℃～50 ℃，分度值为 0.5 ℃。

（7）其他：如烘箱、蒸馏水、中性液体（如煤油）、孔径 2 mm 及 5 mm 筛子、漏斗、滴管等。

3. 比重瓶校准

（1）将比重瓶洗净、烘干，称量两次，准确至 0.001 g。取其算数平均值，其最大允许平行差值应为 ±0.002 g。

（2）将煮沸经冷却的纯水注入比重瓶。对长颈比重瓶注水至刻度处；对短颈比重瓶应注满纯水，塞紧瓶塞，多余水分自瓶塞毛细管中溢出。

（3）将比重瓶放入电热恒温水浴锅，待瓶内水温稳定后，取出比重瓶，擦干外壁的水，称瓶、水总质量，准确至 0.001 g。测定两次，取其算数平均值，其最大允许平行差值应为 ±0.002 g。

（4）将电热恒温水浴锅水温以 5 ℃级差调节，逐级测定不同温度下的瓶、水总质量。

（5）以瓶、水总质量为横坐标，温度为纵坐标，绘制瓶、水总质量与温度的关系曲线，即比重瓶校正曲线，如图 1.13 所示。

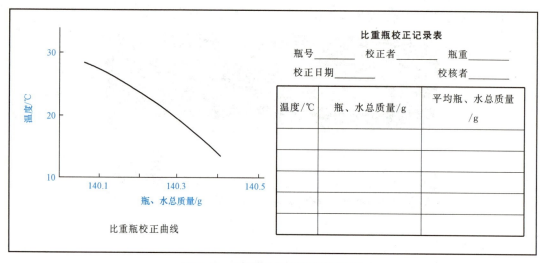

图 1.13　比重瓶校正曲线及记录表

4. 操作步骤

（1）备土。将适量的土样放入烘箱，设置 105 ℃～110 ℃，烘干土样。烘干的土样置于干燥器中冷却。

（2）称土，装瓶。将比重瓶烘干，将 15 g 烘干土装入 100 mL 比重瓶（若用 50 mL 比重瓶，装烘干土 12 g），称取试样及瓶总质量。

（3）排气。采用煮沸法或真空抽气法排除土中空气。向已装有干土的比重瓶，注纯水至瓶的一半处，为排除土中空气，摇动比重瓶，并将瓶放在砂浴上煮沸，煮沸时间自悬液沸腾时算起，砂土应不得少于 30 min，细粒土不得少于 1 h，沸腾后调节砂浴温度，不使土液溢出瓶外。

（4）注水并恒温。将纯水注入比重瓶，当采用长颈比重瓶时，注至略低于瓶的刻度处；当采用短颈比重瓶时，应注水至近满，有恒温水槽时，可将比重瓶放入恒温水槽。待瓶内悬液温度稳定及瓶上部悬液澄清。

（5）称量瓶、水、土总质量。采用长颈比重瓶时，用滴管调整液面恰至刻度处，以弯液面下缘为准，擦干瓶外及瓶内壁刻度以上部分的水，称瓶、水、土总质量，准确至 0.001 g。

当采用短颈比重瓶时，塞好瓶塞，使多余水分自瓶塞毛细管中溢出，将瓶外水分擦干后，称取瓶、水、土总质量，准确至 0.001 g。

（6）测水温，查瓶、水总质量。称量后立即测出瓶内水的温度，温度准确至 0.5 ℃。根据测得的水温，从已绘制的比重瓶校正曲线中查得瓶、水总质量，准确至 0.001 g。

（7）若为砂土，煮沸时砂易跳出，允许采用真空抽气法代替煮沸法排除土中空气，其余步骤同步骤（3）、（4）。

（8）当土粒中含有易溶盐、亲水性胶体或有机质时，测定其土粒比重应用中性液体代替纯水，用真空抽气法代替煮沸法，排除土中空气。抽气时真空度应接近一个大气负压值（−98 kPa），抽气时间可为 1～2 h 直至悬液内无气泡为止。

5. 试验记录

相对密度试验（比重瓶法）记录见表 1.14。

表 1.14　相对密度试验记录表（比重瓶法）

委托日期		试验编号			试验者		
试验日期		流转号			校核者		
仪器设备							
试样说明							

试验编号	比重瓶号	温度/℃	液体比重	干土质量/g	瓶、液总质量/g	瓶、液、土总质量/g	与干土同体积的液体质量/g	相对密度	平均值	备注

6. 成果整理

（1）用纯水测定时，按式（1.17）计算土粒比重：

$$G_{s}=\frac{m_{d}}{m_{1}+m_{d}-m_{2}}G_{kt} \tag{1.17}$$

式中　G_{s}——土粒比重；

　　　m_{d}——干土质量（g）；

　　　m_{1}——瓶、水总质量（g）；

　　　m_{2}——瓶、水、土总质量（g）；

　　　G_{kt}——t ℃时纯水的相对密度，准确至 0.001。

（2）若用中性液体测定时，按式（1.18）计算土粒比重：

$$G_{s}=\frac{m_{d}}{m'_{1}+m_{d}-m'_{2}}G_{kt} \tag{1.18}$$

式中　m'_{1}——瓶、中性液体总质量（g）；

　　　m'_{1}——瓶、中性液体、土总质量（g）；

　　　G_{kt}——t ℃时中性液体的相对密度（实测得），准确至 0.001。

本试验必须进行两次平行测定，取其算术平均值，以两位小数表示，其平行差值不得大于 0.02。

7. 成绩评价

试验结束后，成绩按表 1.15 中各考核点及评价标准进行评价。

表 1.15　比重瓶法测定土粒比重试验成绩评价表

项目	序号	考核点	评价标准	扣分点	得分
试验操作	1	清洗比重瓶、烘干并称量两次（10分）	未清洗比重瓶并烘干，扣5分；未称量或平行差错误，扣5分		
	2	比重瓶注满纯水放入恒温水槽，待瓶内水温稳定后，称瓶、水总质量，准确至0.001 g（20分）	称量前未擦干瓶外壁的水，扣5分；未称瓶、水总质量，扣10分；平行差错误，扣5分		
	3	将恒温水槽水温以5 ℃级差调节，逐级测定不同温度下的瓶、水总质量。绘制瓶、水总质量与温度的关系曲线（5分）	瓶、水总质量与温度的关系曲线绘制错误，扣5分		
	4	比重瓶烘干，将15 g烘干土装入100 mL比重瓶内，称试样及瓶总质量（10分）	未称重或未及时记录，扣10分		
	5	注纯水至瓶的一半处，将瓶放在砂浴上煮沸（煮沸时间自悬液沸腾时算起，砂浴应不得少于30 min，细粒土不得少于1 h），沸腾时注意土液不能溢出瓶外（10分）	煮沸时间不够，扣5分；沸腾时土液溢出瓶外，扣5分		
	6	采用短颈比重瓶，注水至近满，将比重瓶放入恒温水槽，待温度稳定后测定温度（10分）	未进行恒温，扣5分；未测定温度，扣5分		
	7	称瓶、水、土总质量（10分）	称瓶、水、土总质量。并在试验表格及时记录，未称重或未及时记录，扣10分		
	8	在比重瓶校正曲线中查得瓶、水总质量（5分）	查图错误，扣5分		
数据处理	1	计算土粒比重（10分）	计算错误，扣5分；平行差错误，扣5分		
劳动素养	1	试验结束仪器设备的整理（4分）	未关闭设备的，每个扣2分，共4分，扣完为止		
	2	试验操作台及地面清理（6分）	清理不干净，每处扣3分，共6分，扣完为止		
总分			权重	最终得分	

1. 简答题

（1）简述土的组成。

（2）土的实测指标有哪些？含义是什么？表达式是什么？作用有哪些？

（3）土的换算指标有哪些？含义是什么？换算公式是怎样的？

2. 计算题

在某土层中用体积为 200 m³ 环刀取样，经测定土样质量为 394.48 g，用铝盒进行含水率试验称得铝盒质量为 23.93 g，铝盒和湿土质量为 51.62 g，烘干后铝盒和干土的质量为 47.94 g，土粒比重为 2.68，试计算该土样的含水率、湿密度、干密度、饱和密度、有效密度、孔隙比、孔隙率和饱和度。

3. 实训题

2013 年 2 月 28 日下午 4 点左右，南京市浦口区大桥北路一处工地内，一名施工人员被突然倒下的行道树和坍塌的土层掩埋，这名工人因伤势过重，最终不治身亡。目击者称，当时工地上共有十几名工人，正在挖一道深沟。突然，有人大喊不好了。只见一棵法国梧桐树歪倒在沟里，周围土方发生坍塌，工人们赶紧扒土救人。工地上有一台挖掘机，直到消防队员赶来，才有驾驶员上了挖掘机，把大树移开。另一名目击者称这里正在修下水管道，挖的沟有 1 m 多深。"土层太松了，刚把行道树弄开，又有土塌下去。"他说，消防队员和工人们努力了将近半小时，才把被埋者拉出来。

从现场可以看到，工地围挡上印有"中铁四局"的字样，事发后，已停止施工。一名民工模样的男子说："那个工人是先被大树砸在坑里，然后又被泥土埋住的，送到南京高新医院了，但估计不行了。"南京高新医院一名医生表示，被埋工人送来时，已无生命体征，嘴巴鼻孔里塞满泥巴，全身多处挫伤。

依据材料：（1）土层为什么会坍塌？用本任务中所学的知识进行分析。

（2）目击者所说的土层太松了，可以采用什么基本指标来评价？采用什么试验方法进行试验？

任务 2　无黏性土物理状态的判别

>> 任务提出

　　SW 水库工程等别为Ⅱ等，工程规模为大（2）型，永久性主要建筑物（挡水坝段、溢流坝段、底孔坝段、引水坝段及连接建筑物）均按 2 级设计；导墙等次要建筑物按 3 级设计；临时性建筑物按 4 级设计。

　　SW 水库总库容为 $8.14×10^8$ m³；兴利库容为 $5.53×10^8$ m³；SW 水库正常蓄水位为 60.0 m，相应库容 $5.94×10^8$ m³；死水位为 41.0 m，死库容为 $0.41×10^8$ m³；防洪限制水位为 59.6 m，设计洪水位（0.2%）为 61.52 m，防洪高水位（1%）为 61.09 m，校核洪水位（0.02%）为 63.66 m；城市与工业多年平均日供水 $24.5×10^4$ t（从河道取水 $4.2×10^4$ t），环境多年平均供水流量为 1.13 m³/s。

　　土坝设计：土坝分左岸、右岸两部分，左岸土坝桩号为 0+059.00 m～0+619.00 m，长度为 560.0 m；右岸土坝桩号为 0+879.50 m～1+207.00 m，长度为 327.5 m。左岸、右岸土坝总长度为 887.5 m。

　　坝体结构为黏土心墙砂砾坝，利用防浪墙挡水。防浪墙顶高程为 66.30 m，坝顶高程为 65.10 m，心墙顶高程为 63.80 m。左岸、右岸坝顶宽均为 8.00 m。防渗体采用黏土心墙结构，心墙顶部宽度为 3.0 m，心墙底部最大宽度为 15.8 m，心墙坡比为 1:0.2。心墙上部与钢筋混凝土防浪墙紧密连接，心墙外侧设置反滤层，上游厚度为 1.2 m，下游厚度为 1.5m。心墙底部开挖至清基面下 0.5 m。

　　坝体填筑：坝壳砂粒料填筑，以黏土心墙为界，分为上下游两个独立的坝壳区。在远离黏土心墙及不影响基础处理的部位，坝壳砂砾石填筑可首先进行，心墙附近的坝壳砂砾石必须后于心墙填筑。少雨季节，先安排靠近防渗体施工，多雨季节，安排远离防渗体施工。

　　砂砾石坝壳填筑，采用 3 m³ 挖掘机装 20 t 自卸汽车运输上坝，74 kW 推土机摊铺，13 t 振动碾压实。砂砾石料填筑主要作业程序：砂砾石料运输→卸料→摊平→洒水→碾压→现场试验→下一层施工。砂砾料加水采用洒水车。坝壳砂砾料填筑设计相对密度为 0.75。

>> 任务布置

对砂坝壳砾料场土料进行试验，以确定坝壳填筑控制指标。

>> 任务分析

　　在天然状态下，土所表现出来的疏松或紧密、干湿及软硬等特征，统称为土的物理状态。土的物理状态对土工力学性质影响很大。土的三相比例关系不仅反映了土的物理性质，也决定了土的物理状态，例如，细粒土是干燥的还是潮湿的？粗粒土是密实的还是疏松的？

相关知识

2.1 孔隙比（e）判别

由换算指标孔隙比 e 和孔隙率 n 可知，孔隙比越小，表示土越密实，孔隙比越大，土越疏松；孔隙率则相反。《堤防工程设计规范》（GB 50286—2013）中规定用石碴料做堤身填料时，其固体体积率宜大于 76%，相对孔隙率不宜大于 24%。

微课：无黏性土
的物理状态的判定

但由于颗粒的形状和级配对孔隙比的影响很大，而孔隙比没有考虑颗粒级配这一重要因素的影响，因而在应用时存在缺陷。

为说明这个问题，取两种不同级配的砂土进行分析。如图 1.14 所示，将砂土颗粒视为理想的圆球，图 1.14（a）所示为均匀级配的砂最紧密的排列，可以计算出这时的不均匀系数 $C_u=1.0$，$e=0.35$；图 1.14（b）同样是理想的圆球状砂，但其中除大的圆球外，还有小的圆球可以充填于孔隙中，即不均匀系数 $C_u>1.0$，显然，此时该种砂并没有处于最密状态，但其孔隙比 $e=0.30$，小于图 1.14（a）所代表的土。就是说两种级配不同的砂若都具有相同的孔隙比 $e=0.35$，级配均匀的砂已处于最密实的状态，而级配不均匀的砂达不到最密实。

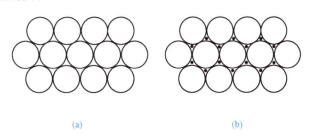

(a)   (b)

图 1.14　颗粒级配不同的土对密实度区别
(a) $e=0.35$；(b) $e=0.30$

2.2 相对密实度（D_r）判别

相对密实度是指砂土的密实程度。孔隙比、干密度在一定程度上也可以反映土的密度程度，但这两个指标没有考虑颗粒级配对土的密实程度的影响。不难验证，不同级配的砂土，可以具有相同的孔隙比 e，若土颗粒的大小、形状和级配不同，则土的密实程度也明显不同。如均匀颗粒的土与包含大颗粒和小颗粒的土，其密实程度是不同的。为此，在实际工程中，一般用相对密实度 D_r 来表征砂土的密实程度。其计算公式为

$$D_r = \frac{e_{max} - e_0}{e_{max} - e_{min}} \tag{1.19}$$

式中　D_r——砂土的相对密实度；

e_0——砂土的天然孔隙比；

e_{max}——砂土的最大孔隙比，可由它的最小干密度换算而得；

e_{min}——砂土的最小孔隙比，可由它的最大干密度换算而得。

将式（1.19）中的孔隙比用干密度替换，可得到用干密度表示的相对密度表达式：

$$D_r = \frac{(\rho_d - \rho_{dmin})}{(\rho_{dmax} - \rho_{dmin})} \frac{\rho_{dmax}}{\rho_d} \qquad (1.20)$$

式中 D_r——砂土的天然干密度；

e_0——砂土的最大干密度；

e_{max}——砂土的最小干密度。

最大干密度和最小干密度可直接由试验测定。

当 $D_r = 0$ 时，$e_0 = e_{max}$，表示土处于最松状态。当 $D_r = 1.0$ 时，$e_0 = e_{min}$，表示土处于最密实状态。在工程中，用相对密度判别砂土的密实状态标准为

$$0 < D_r \leqslant \frac{1}{3} \quad 疏松$$

$$\frac{1}{3} < D_r \leqslant \frac{2}{3} \quad 中密$$

$$\frac{2}{3} < D_r \leqslant 1 \quad 密实$$

相对密实度 D_r 由于考虑了颗粒级配的影响，所以在理论上是比较完善的，可以较准确地判断无黏性土密实度。但在试验测定 ρ_{dmax} 和 ρ_{dmin} 时，人为因素影响很大，试验结果不稳定，误差较大，而最困难的是现场取原状土样，测定其天然密度，一般条件下不可能完全保持粗粒土的天然结构，尤其在地下水水位以下，取原状土样更困难，所以，换算出的粗粒土的天然孔隙比 e 的数值不一定可靠。为此，在工程实践中，主要用相对密实度 D_r 检查压实土的密实程度，而对于天然土体，较普遍的做法是采用标准贯入试验锤击数 N 来判定现场砂土的密实度。

【例1.2】 某砂层的天然密度 $\rho = 1.86$ g/cm³，含水率 $w = 13\%$，土粒的相对密度 $G_s = 2.65$，最小孔隙比 $e_{min} = 0.40$，最大孔隙比 $e_{max} = 0.85$，该土层处于什么状态？

解：（1）求土层的天然孔隙比 e：

$$e = \frac{G_s \rho_w (1+w)}{\rho} - 1 = \frac{2.65 \times 1 \times (1+13.0\%)}{1.86} - 1 = 0.61$$

（2）求相对密度 D_r：

$$D_r = \frac{e_{max} - e}{e_{man} - e_{min}} = \frac{0.85 - 0.61}{0.85 - 0.40} = 0.53$$

因为 $0.67 > D_r > 0.33$，故该砂层处于中密状态。

2.3 标准贯入试验锤击数判别

标准贯入试验是一种现场原位测试方法，是将标准贯入器打入土中一定距离（30 cm）所需落锤次数（标贯击数），记为 N_{30}，该值反映了土的密实度的大小。显然锤击数 N 越大，表明土层越密实；反之 N 越小，土层越疏松。《岩土工程勘察规范（2009年版）》

（GB 50021—2001）中按标准贯入锤击数 N 划分砂土密实度的标准见表 1.16。

表 1.16 砂土的密实度

密实度	密 实	中 密	稍 密	松 散
标准贯入锤击数 N	$N>30$	$15<N\leqslant30$	$10<N\leqslant15$	$N\leqslant10$

>> 任务实施

检测任务 相对密度试验

视频：土的相对
密度试验

本任务土检测委托单见表 1.17。

表 1.17 土检测委托单

委托日期：2021 年 11 月 6 日		试验编号：TG—2021—0114
样品编号：20211106012		流转号：TG—2021—00212
委托单位：××建筑工程有限公司		
工程名称：××市 SW 水库建筑及安装工程		
建设单位：××市 SW 水库建设有限公司		
监理单位：××建筑工程咨询有限公司		
施工单位：××建筑工程有限公司		
使用部位：土方填筑区		取样地点：砂砾料场
委托人：××		见证人员：×××
联系电话		收样人：
检测性质：施工自检		
检测依据：	□《土工试验方法标准》（GB/T 50123—2019）	
检验项目（在序号上画"√"）： 1. 颗粒分析 2. 相对密度		
其他检验项目：		

检测任务描述：无黏性土的密实度可以采用孔隙比、相对密度、标准贯入锤击数等来判定。标准贯入锤击数属于原位试验，对于扰动土，采用相对密度进行判定，在《碾压式土石坝设计规范》（SL 274—2020）、《堤防工程设计规范》（GB 50286—2013）中均以相对密度作为评价填土质量的控制指标。对砂坝壳砾料场土料进行相对密度试验，以确定坝壳填筑控制指标。

2.1.1 砂砾土的相对密度试验

1. 试验目的

求得无黏性土的最大与最小孔隙比，用于计算相对密度，了解该土在自然状态或经压实松紧情况和土粒结构的稳定性。

2. 试验一般规定

（1）土样为能自由排水的砂砾土，粒径不应大于 5 mm，其中粒径为 2～5 mm 的土样质量不应大于土样总质量的 15％。

（2）最小干密度试验宜采用漏斗法和量筒法；最大干密度试验宜采用振动锤击法。

（3）本试验应进行两次平行测定，两次测定值其最大允许平行差值应为 ± 0.03 g/cm³，取两次测值的算术平均值为试验结果。

3. 最小干密度试验

（1）本试验所使用的主要仪器设备应符合下列规定：

1）量筒：容积为 500 mL 及 1 000 mL 两种，后者内径应大于 6 cm。

2）长颈漏斗：颈管内径约为 1.2 cm，颈口磨平（图 1.15）。

3）锥形塞：直径约为 1.5 cm 的圆锥体，焊接在铜杆下端（图 1.15）。

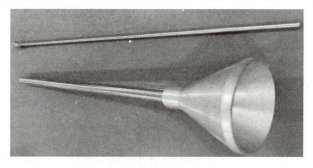

图 1.15　长颈漏斗和锥形塞

4）天平：量程 1 000 g. 分度值 1 g。

5）砂面拂平器（图 1.16）。

图 1.16　砂面拂平器

（2）最小干密度试验应按下列步骤进行：

1）制备土样。取代表性的烘干或充分风干试样约 1.5 kg，用手搓揉或用圆木棍在橡皮板上碾散，并应拌和均匀。

2）准备仪器设备。将锥形塞杆自漏斗下口穿入，并向上提起，使锥体堵住漏斗管口，一并放入 1 000 mL 量筒,使其下端与筒底接触。

3)称取试样,并用漏斗及锥形塞注入量筒。称取试样 700 g,应准确至 1 g,均匀倒入漏斗中,将漏斗与塞杆同时提高,然后下放塞杆使锥体略离开管口,管口应经常保持高出砂面 1~2 cm,使试样缓慢且均匀分布地落入量筒。

4)拂平砂面,测读砂样体积。试样全部落入量筒后,取出漏斗与锥形塞,用砂面拂平器将砂面拂平,勿使量筒振动,然后测读砂样体积,估读至 5 mL。

5)倒转量筒,测读砂样体积。用手掌或橡皮板堵住量筒口,将量筒倒转,然后缓慢地转回原来位置,如此重复几次,记下体积的最大值,估读至 5 mL。

6)从 4)和 5)两种方法测得的体积值中取体积值较大的一个,为松散状态时试样的最大体积。

(3)试验数据记录到表 1.14 中。

(4)试验成果计算。

1)最小干密度应按式(1.21)计算,计算至 0.01 g/cm³。

$$\rho_{dmin} = \frac{m_d}{V_{max}} \tag{1.21}$$

式中 ρ_{dmin}——土的最小干密度(g/cm³),精确至 0.01 g/cm³;

m_d——干土质量(g);

V_{max}——两种方法所得砂土体积的最大值(cm³)。

2)最大孔隙比应按式(1.22)计算。

$$e_{max} = \frac{\rho_w G_s}{\rho_{dmin}} - 1 \tag{1.22}$$

式中 e_{max}——土的最大孔隙比;

G_s——土粒比重;

ρ_w——水的密度(g/cm³),通常为 1 g/cm³;

ρ_{dmin}——式(1.21)所计算出的最小干密度(g/cm³)。

4. 最大干密度试验

(1)仪器设备:

1)金属容器容积 250 mL,内径 5 cm,高 12.7 cm。

2)金属容器容积 1 000 mL,内径 10 cm,高 12.75 cm。

3)振动叉。

4)击锤:锤质量 1.25 kg,落高 15 cm,锤底直径 5 cm。

5)台秤:称量 5 000 g,分度值 1 g。

(2)试验步骤:

1)四分法取代表性的试样约 4 kg。

2)分 3 次倒入容器中分别进行振击。

先取代表性试样 600~800 g(其数量应使振击后的体积略大于容器容积的 1/3)倒入 1 000 mL 容器内,用振动叉以每分钟 150~200 次的速度敲打容器两侧,并在同一时间内,用击锤于试样表面每分钟锤击 30~60 次,直至砂样体积不变为止,一般击 5~10 min。敲打时要用足够的力量使试样处于振动状态；锤击时，粗砂可用较少击数，细砂应用较多击数。

3）重复第 1 次步骤。进行后两次的装样、振动和锤击，第 3 次装样时应先在容器口上安装套环。

4）最后 1 次振毕，取下套环，用修土刀修齐容器顶面刮去多余试样，称容器内试样质量，准确至 1 g，并记录试样体积，计算其最小孔隙比。

（3）试验数据记录到表 1.14 中。

（4）试验成果计算。

1）最大干密度应按式（1.23）计算，计算至 0.01 g/cm³。

$$\rho_{dmax}=\frac{m_d}{V_{min}} \tag{1.23}$$

式中　ρ_{dmax}——土的最大干密度（g/cm³），精确至 0.01 g/cm³；

　　　m_d——干土质量（g）；

　　　V_{min}——两种方法所得砂土体积的最大值（cm³）。

2）最大孔隙比应按式（1.24）计算。

$$e_{min}=\frac{\rho_w G_s}{\rho_{dmax}}-1 \tag{1.24}$$

式中　e_{min}——土的最小孔隙比；

　　　G_s——土粒比重；

　　　ρ_{dmax}——式（1.23）所计算出的最大干密度（g/cm³）。

3）现场控制干密度应按式（1.25）计算：

$$\rho_d=\frac{\rho_{dmin}\cdot\rho_{dmax}}{\rho_{dmax}-D_r\ (\rho_{dmax}-\rho_{dmin})} \tag{1.25}$$

5. 试验记录表

试验数据记录到表 1.18 中。

表 1.18　相对密度试验记录表

任务单号			试验者	
试验日期			计算者	
试样编号			校核者	
试验项目	最大孔隙比		最小孔隙比	备注
试验方法				
试样加容器质量/g				
容器质量/g				
试样体积/cm³				
干密度/（g·cm⁻³）				
平均干密度/（g·cm⁻³）				

相对密度			
孔隙比			
相对密度			
现场控制干密度/(g·cm⁻³)			

2.1.2　粗粒土的相对密度试验

检测任务描述：标准贯入锤击数是对原位土进行密实度判断的一种方法，当不能对土进行扰动时，如地基土，土因其结构采用。

1. 试验目的

判别地基土（原状土）的密实状态。

2. 适用范围

土样应为最大粒径不大于 60 mm 的能自由排水的粗颗粒土，粗颗粒土中细粒土的含量不应大于 12%。

微课：粗粒土的
相对密度试验

3. 试验设备

本试验所用的仪器设备应符合下列规定：

（1）振动台：具有隔振装置的振动台。

（2）表面振动器：由振动电动机及钢制夯组成。钢制夯由连接杆、连接栓固定于振动电动机下，其底部为厚 15 mm 的圆形夯板。夯板直径略小于试样筒内径 2~5 mm。表面振动器振动频率为 40~60 Hz，激振力约为 4.2 kN，夯板与振动器对试样的静压力为 14 kPa。

（3）样筒：试样筒的尺寸应符合表 1.19 的规定。

表 1.19　试样筒尺寸

内径 D/cm	高度 H/cm	体积 V/cm³	允许最大粒径/mm	试料质量/kg
30	34	24 033	60	45~50

（4）套筒：应与试样筒紧固连接。

（5）测针架及测针：测针的分度值为 0.1 mm。

（6）灌注设备：带管嘴的漏斗。管嘴直径 10~20 mm，漏斗喇叭口径为 100~150 mm，管嘴长度视套筒高度而定。

（7）试验筛。

1）粗筛：孔径分别为 60 mm、40 mm、20 mm、10 mm、5 mm。

2）细筛：孔径分别为 5 mm、2 mm、1 mm、0.5 mm、0.25 mm、0.075 mm。

（8）台秤：量程 50 kg，分度值 50 g；量程 10 kg，分度值 5 g。

（9）其他：搅拌盘、起吊设备、铁铲、毛刷、秒表、钢尺、卡尺、称料桶、大瓷盘。

4. 操作步骤

（1）制备土样。选用代表性土样在105 ℃～110 ℃下烘干，并分级过筛储存。筛分过程中应使弱胶结的土样能充分剥落。

（2）最小干密度试验。

1）称筒质量。

2）装土入筒，刮去余土，整平。

试验方法：固定体积法。

①对粒径不大于10 mm的烘干土：将搅拌均匀的土样从漏斗管嘴均匀徐徐地注入试样筒。注入时随时调整漏斗管口的高度，使自由下落的距离保持为2～5 mm。同时要从外侧向中心呈螺旋线移动，使土层厚度均匀增高而不产生大小颗粒分离。当充填到高出筒顶约为25 mm时，用钢直刀沿筒口刮去余土。

注意：在操作时不得振动试样筒。

②对粒径大于10 mm的烘干土：用大勺或小铲将土样填入试样筒。装填时小铲应贴近筒内土面，使铲中土样徐徐滑入筒内，直至填土高出筒顶，余土高度不应超过25 mm。然后将筒面整平。当有大颗粒露顶时，凸出筒顶的体积应能近似地与筒顶水平面以下的大凹隙体积相抵消。

3）称筒及试样总质量。

4）平行试验。最小干密度测定应按上述的规定进行平行试验，取其算术平均值，其最大允许平行差值应为±0.03 g/cm²。

（3）最大干密度试验。

1）振动台法（干法）。

①装样，称质量。先搅拌均匀烘干土样，将土样装填于试样筒中，称筒与试样总质量。装填方法与最小干密度的测定相同。

通常情况是直接用最小干密度试验时装好的试样筒，放在振动台上，加上套筒，把加重盖板放于土面上，依次安放好加重物。

②开机，振动。随即将振动台调至最优振幅0.64 mm，振动8 min后，卸除加重物和套筒。

③测高度，算体积。测读试样高度，计算试样体积。

2）振动台法（湿法）。

①加水装样。在烘干试料中加适量的水，或用天然的湿土进行装样。

②开机振动。装完试样后，应立即振动6 min。对于高含水率的土样，为了防止某些土在振动过程中产生颗粒跳动，振动6 min时，应随时减小振动台的振幅。振动后吸除土面上的积水，依次装上套筒。施加重物，然后固定在振动台上，振动8 min后，依次卸除加重物与套筒。

③测高度，算体积。测读试样高度，称筒与试样总质量。

④测含水率。取代表性土样测含水率。

⑤平行试验。最大干密度测定应按上述的规定进行平行试验，取其算术平均值，其最大允许平行差值应为±0.03 g/cm²。

（4）试验记录。试验数据记录到表1.20中。

表 1.20　粗粒土相对密度试验记录表

委托日期		试验编号		试验者	
试验日期		流转号		校核者	
试样筒质量/g			天然密度/g		
仪器设备					
试样说明					
	最小干密度测定			最大干密度测定	
试验项目	漏斗法	倒转法	试验项目	振打法	
试样质量/g			试样筒体积		
试样体积/cm³			试样加试样筒质量		
最大体积/cm³			试样质量		
最小干密度 /（g·cm⁻³）			最大干密度/（g·cm⁻³）		
			平均干密度/（g·cm⁻³）		
相对密度					

5. 试验数据计算

最小干密度

$$\rho_{dmin}=\frac{m_d}{V_c} \tag{1.26}$$

式中　ρ_{dmin}——最小干密度（g/cm³），精确至 $0.01\ \text{g/cm}^3$；

　　　m_d——干土质量（g）；

　　　V_c——筒体积（cm³）。

最大干密度

$$\rho_{dmax}=\frac{m_d}{V_s}=\frac{m_d}{V_c-（R_i-R_t）\times0.1\times A} \tag{1.27}$$

式中　ρ_{dmax}——最大干密度（g/cm³），精确至 $0.01\ \text{g/cm}^3$；

　　　m_d——干土质量（g）；

　　　V_s——试样体积（cm³）；

　　　R_i——起始读数（mm）；

　　　R_t——振后加荷盖板上百分表的读数（mm）；

　　　A——试样筒断面面积（cm²）。

相对密度按式（1.28）计算：

$$D_r=\frac{（\rho_{d0}-\rho_{dmin}）\cdot\rho_{dmax}}{（\rho_{dmax}-\rho_{dmin}）\cdot\rho_{d0}} \tag{1.28}$$

式中　D_r——相对密度，无量纲；

　　　ρ_{d0}——天然状态下或人工填筑压实后的干密度（g/cm³），精确至 $0.01\ \text{g/cm}^3$。

压实度按式（1.29）计算：

$$R_c=\frac{\rho_{d0}}{\rho_{dmax}} \tag{1.29}$$

式中　R_c——压实度，以小数计。

密度指数按式（1.30）计算：

$$I_D = \frac{\rho_{d0} - \rho_{dmin}}{\rho_{dmax} - \rho_{dmin}} \times 100 \tag{1.30}$$

式中　I_D——密度指数（%）。

2.1.3　标准贯入锤击试验

1. 试验目的

判别地基土（原状土）的密实状态。

2. 试验设备

（1）标准贯入器：其机械要求和材料要求应符合现行国家标准《岩土工程仪器基本参数及通用技术条件》（GB/T 15406—2007）和《土工试验仪器 贯入仪》（GB/T 12746—2007）的规定，具体规格应符合表 1.21 的要求。

表 1.21　标准贯入器规格要求

贯入器靴	长度/mm	50～76
	刃口角度/（°）	18～20
	靴壁厚/mm	1.6
贯入器身	长度/mm	>500
	外径/mm	51±1
	内径/mm	35±1
贯入器头	长度/mm	175

（2）落锤（穿心锤）：铜锤质量为 63.5 kg±0.5 kg，应配有自动落锤装置，落距为 76 cm±2 cm。

（3）钻杆：直径为 42 mm。抗拉强度应大于 600 MPa；轴线的直线度最大允许误差应为±0.1%。

（4）锤垫：承受锤击钢垫，附导向杆，两者总质量宜不超过 30 kg。

3. 操作步骤

（1）钻孔。标准贯入试验孔采用回转钻进，当在地下水水位以下的土层进行试验时，应使孔内水位略高于地下水水位，以免出现涌砂和坍孔，必要时应下套管或用泥浆护壁，下套管时，套管不得进入钻孔底部的土层，以免使试验结果偏大。

（2）清孔。先用钻具钻至试验土层标高以上 15 cm 处，清除残土，清孔时应避免试验土层受到扰动。

（3）放入贯入器。贯入前应拧紧钻杆接头，将贯入器放入孔内，避免冲击孔底，注意保持贯入器、钻杆、导向杆连接后的垂直度，孔口宜加导向器，以保证穿心锤中心施力。在贯入器放入孔内后，测定其深度，残土厚度不应大于 10 cm。

（4）贯入器自由落体，锤击。采用自动落锤法，锤击速率宜采用每分钟 15～30 击，将贯入器打入土中 15 cm 后，开始记录每打入 10 cm 的锤击数，累计打入 30 cm 的锤击数为标准贯入击数 N，同时记录贯入深度与试验情况。若遇密实土层，当锤击数已达到 50 击，而贯入深度尚未达到 30 cm 时，不应强行打入，记录 50 击的贯入深度，并按式（1.31）换算成相当于 30 cm 的标准贯入试验锤击数 N_{30}。

（5）锤击完毕，提出贯入器，记录。旋转钻杆，提出贯入器，取贯入器中的土样进行鉴别、描述、记录，并测量其长度。将需要保存的土样仔细包装、编号，以备试验之用。

（6）应按第（1）～（4）条的规定进行下一深度的贯入试验，直到所需的深度。

（7）试验时每隔 1.0～2.0 m 进行一次试验，对于土质不均匀的土层进行标准贯入试验时，应增加试验点的密度。

4. 试验数据记录

试验数据记录到表 1.22 中。

表 1.22　标准贯入试验记录表

任务单号			试验日期			试验者	
钻孔编号			试验环境			校核者	
孔口标高			地下水水位			钻进方式	
钻孔孔径			护孔方式			落锤方式	
仪器名称及编号			孔内水位（或泥浆高程）				
序号	浮土厚度/cm	试验深度/m	贯入深度/cm		击数 N	描述	

5. 计算、制图

（1）相应于贯入 30 cm 的锤击数 N_{30} 应按下式换算：

$$N_{30} = \frac{0.3 N_0}{\Delta S} \tag{1.31}$$

式中　N_{30}——贯入 30 cm 相应的标准贯入试验锤击数；

　　　N_0——所选取贯入的锤击数；

　　　ΔS——对应锤击数为 N_0 的贯入深度（m）。

（2）以深度标高为纵坐标，击数为横坐标，绘制击数（N_0）和贯入深度标高（H）关系曲线，如图 1.17 所示。

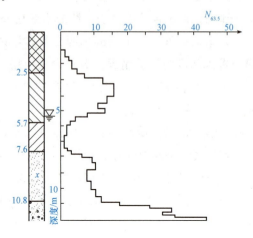

图 1.17　击数和贯入深度标高关系曲线

训练与提升

1. 简答题

无黏性土密度状态的判别方法有哪些？各适用于什么情况？

2. 计算题

某砂层的天然密度 $\rho=1.82$ g/cm³，含水率 $w=9.5\%$，土粒的相对密度 $G_s=2.65$，最小孔隙比 $e_{min}=0.40$，最大孔隙比 $e_{max}=0.85$，该土层处于什么状态？

3. 实训题

两河口水电站位于四川省甘孜州雅江县境内雅砻江干流与支流庆大河的汇河口下游，在雅江县城上游约 25 km，坝址控制流域面积为 6.57×10^4 km，占全流域的 48% 左右，坝址处多年平均流量为 664 m³/s，水库正常蓄水位为 2 865 m，相应库容为 101.54×10^8 m³，调节库容为 65.60×10^8 m³，具有多年调节能力，电站装机容量为 3 000 MW（6×500 MW），多年平均发电量为 110.62×10^8 kW·h。电站采用黏土心墙堆石坝，最大坝高为 295 m，坝顶高程为 2 875 m，坝顶长度为 650 m，坝顶宽度为 16 m。上游坝坡坡比为 1∶2.0，下游坝坡坡比为 1∶1.9。大坝总填筑方量约为 $1\,160.50\times10^4$ m³，其中心墙掺砾土料为 441.14×10^4 m³。

问题：堆石体用什么指标控制其压实质量？如何控制？

任务 3　黏性土物理状态的判别

任务提出

SW 水库工程等别为 Ⅱ 等，工程规模为大（2）型，永久性主要建筑物（挡水坝段、溢流坝段、底孔坝段、引水坝段及连接建筑物）均按 2 级设计；导墙等次要建筑物按 3 级设计；临时性建筑物按 4 级设计。

SW 水库总库容为 8.14×10^8 m³；兴利库容为 5.53×10^8 m³；SW 水库正常蓄水位为 60.0 m，相应库容为 5.94×10^8 m³；死水位为 41.0 m，死库容为 0.41×10^8 m³；防洪限制水位为 59.6 m，设计洪水位（0.2%）为 61.52 m，防洪高水位（1%）为 61.09 m，校核洪水位（0.02%）为 63.66 m；城市与工业多年平均日供水 24.5×10^4 t（从河道取水 4.2×10^4 t），环境多年平均供水流量为 1.13 m³/s。

SW 水库坝址处河谷宽约为 800 m，左岸山坡略陡，右岸较缓，水库枢纽是以土坝为基本坝型的混合坝。大坝全长为 1 148.0 m，最大坝高为 48.8 m。土坝坝顶高程为 65.10 m，防浪墙顶高程为 66.50 m，混凝土坝段顶高程为 65.30 m。土坝分左岸、右岸布置，其中左岸土坝长度为 560.0 m，右岸土坝长度为 327.5 m。主河槽混凝土坝段布置有右连接段、引水坝段、底孔坝段、溢流坝段、挡水坝段、左连接段。其中溢流坝段长度为 176.5 m，引水坝段长度为 20.0 m；底孔坝段长度为 40.0 m；挡水坝段长度为 18 m，左岸、右岸连接段坝顶长度均为 3.0 m。

经勘察的天然建筑材料为筑坝砂砾料、防渗体土料。初步勘测砂砾料场 3 处，防渗体土料场 2 处。

防渗体土料场位于坝址上游王村北的阶地上，该场地内现为耕地，下游有一正在运行的砖厂，其附近局部有采土坑，场地中有多根电线杆和 1 条铁合金厂上水管线及泵站 1 座，上游分布一条近南北向的冲沟，宽为 10~16 m，较浅，沟底为黏土夹石块、砂。场区地势较平缓，南高北低，地面高程为 31.95~40.22 m。防渗体土料场距坝址约为 5 km，左岸、右岸均有可到达坝址的砂石路。

地层岩性主要为第四系坡洪积粉质黏土，黄褐色，局部层顶夹有黏土薄层，层底局部见有砂砾石或黏土夹砂透镜体。分布较稳定，埋藏较深。

任务布置

检测防渗体料场土的液塑限及物理状态指标，并命名。

任务分析

黏性土的物理状态随其含水率的变化而有所不同。

微课：黏性土的
物理状态

所谓稠度，是指黏性土在某一含水率时的稀稠或软硬程度。稠度还反映了土粒间的连接强度。稠度不同，土的强度及变形特性也不同。所以，稠度也可以指土对外力引起变形或破坏的抵抗能力。黏性土处在某种稠度时所呈现出的状态，称为稠度状态。

黏性土所表现出的稠度状态，是随含水率的变化而变化的，如图 1.18 所示。

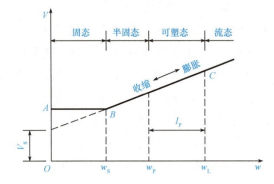

图 1.18　黏性土稠度状态随含水率变化过程

当土中含水率很小时，水全部为强结合水，此时土粒表面的结合水膜很薄，土颗粒靠得很近，颗粒间的结合水连接很强，因此，当土粒之间只有强结合水时，按水膜厚薄不同，土呈现为坚硬的固态或半固态；随着含水率的增加，土粒周围结合水膜加厚，结合水膜中除强结合水外还有弱结合水，此时，土处于可塑状态。土在这一状态范围内，具有可塑性，即被外力塑成任意形状而土体表面不发生裂缝或断裂，外力去掉后仍能保持其形变的特性。黏性土只有在可塑状态时，才表现出可塑性；当含水率继续增加，土中除结合水外还有自由水时，土粒多被自由水隔开，土粒间的结合水连接消失，土就处于流动状态。

黏性土最主要的特征是它的稠度，稠度是指黏性土在某一含水率下的软硬程度和土体对外力引起的变形或破坏的抵抗能力。当土中含水率很低时，水被土颗粒表面的电荷吸着于颗粒表面，土中水为强结合水，土呈现固态或半固态。当土中含水率增加，吸附在颗粒周围的水膜加厚，土粒周围除强结合水外还有弱结合水。弱结合水不能自由流动，但受力时可以变形，此时土体受外力作用可以被捏成任意形状，外力取消后仍保持改变后的形状，这种状态称为塑态。当土中含水率继续增加，土中除结合水外已有相当数量的水处于电场引力范围外，这时，土体不能受剪应力，呈现流动状态。实质上，土的稠度就是反应土体的含水率。

土从一种状态转变成另一种状态的界限含水率，称为稠度界限。

1. 液限（w_L）

液限是指土从塑性状态转变为液性状态时的界限含水率。

2. 塑限（w_P）

塑限是指土从半固体状态转变为塑性状态时的界限含水率。

实验室测定液限使用液限仪，测定塑性采用搓条法。具体方法请参阅"相关资料"。实际上，由于黏性土从一种状态转变为另一种状态是渐变的，没有明确的界限，因此只能根据这些通用的试验方法测得的含水率代替界限含水率。

另外，为了表征土体天然含水率与界限含水率之间的相对关系，工程上还常用液性指数 I_L 和塑性指数 I_P 两个指标判别土体的稠度。

3. 塑性指数（I_P）

$$I_P = w_L - w_P \tag{1.32}$$

式中，w_L 为液限，w_P 为塑限。塑性指数越大，土性越黏，工程中根据塑性指数的大小对黏性土进行分类（表 1.23）。

表 1.23　细粒土分类表

土的塑性指标在图中的位置		土代号	土名称
塑性指数（I_P）	液限（w_L）		
$I_w \geqslant 0.73\,(w_L - 20)$	$w_L \geqslant 50\%$	CH	高液限黏土
	$w_L < 50\%$	CL	低液限黏土
$I_w < 0.73\,(w_L - 20)$	$w_L \geqslant 50\%$	MH	高液限粉土
	$w_L < 50\%$	ML	低液限粉土

塑性指数可用于细粒土的分类。细粒土应根据塑性图分类。塑性图是以土的液限 w_L 为横坐标，塑性指数 I_P 为纵坐标，如图 1.19 所示。塑性图中有 A、B 两条线，A 线方程式 $I_P = 0.73\,(w_L - 20)$，B 线方程式为 $w_L = 50\%$。

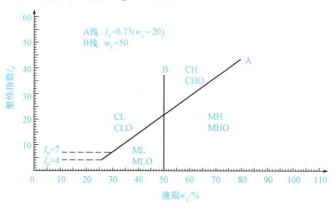

图 1.19　塑性图

读图：A、B 两条线将塑性图划分为四个区域。A 线上侧为黏土，下侧为粉土；B 线左侧为低液限，B 线右侧为高液限。

虚线 $I_P = 4$ 下方为低液限粉土；虚线 $I_P = 7$ 上方为低液限黏土。两虚线间由上下层土层的类别进行细分。

4. 液性指数（I_L）

$$I_L = \frac{w - w_P}{w_L - w_P}$$

(1.33)

当 $I_L = 0$ 时，$w = w_P$，土从半固态进入可塑状态。当 $I_L = 1$ 时，土从可塑状态进入液态。因此，可以根据 I_L 的值直接判定土的软硬状态。工程上按液性指数 I_L 的大小，可将黏性土的状态区分开：

$$I_L \leqslant 0 \quad \text{坚固状态}$$
$$0 < I_L \leqslant 1.0 \quad \text{可塑状态}$$
$$I_L > 1.0 \quad \text{流动状态}$$

应当注意，实验室测定塑限和液限时，是用扰动样，土的结构已经破坏，实测值要比实际值小，因此，用液性指数反映天然土的稠度有一定缺点，用于判别重塑土的稠度较为合适。

▶▶ 任务实施

检测任务　界限含水率试验检测

本任务土检测委托单见表1.24。

视频：界限含水率试验

表1.24　土检测委托单

委托日期：2021 年 11 月 6 日	试验编号：TG—2021—0114
样品编号：20211106012	流转号：TG—2021—00212
委托单位：××建筑工程有限公司	
工程名称：××市 SW 水库建筑及安装工程	
建设单位：××市 SW 水库建设有限公司	
监理单位：××建筑工程咨询有限公司	
施工单位：××建筑工程有限公司	
使用部位：土方填筑区	取样地点：黏土料场
委托人：××	见证人员：×××
联系电话	收样人：
检测性质：施工自检	
检测依据：　　□《土工试验方法标准》（GB/T 50123—2019）	
检验项目（在序号上画"√"）：1. 土粒比重　2. 颗粒分析　3⃥ 界限含水率　4. 击实　5. 直剪　6. 三轴　7. 压缩 8. 有机质	
其他检验项目：	

检测任务描述：界限含水率试验可以确定土的液限和塑限，计算塑性指数，塑性指数的大小可以反映土中黏土的多少，在防渗体料场土的液塑限及物理状态指标，并命名。《堤防工程设计规范》（GB/T 50286—2013）中 7.2.1 条规定：土料、石料及砂砾料等筑堤材料的选择，均质土堤的土料宜选用黏粒含量为 10%～35%、塑性指数为 7～20 的黏性土。

1. 试验目的

细粒土由于含水率不同，分别处于流动状态、可塑状态、半固体状态和固体状态。液限是细粒土呈可塑状态的上限含水率；塑限是细粒土呈可塑状态的下限含水率。

本试验目的是测定细粒土的液限、塑限，计算塑性指数，给土分类定名，供设计、施工使用。

2. 试验方法

土的液限、塑限试验采用液限、塑限联合测定法。

3. 仪器设备

（1）液塑限联合测定仪：圆锥仪、读数显示，如图 1.20 所示。

（2）试样杯：直径为 40～50 mm，高为 30～40 mm。

（3）天平：量程 200 g，分度值 0.01 g。

（4）其他：烘箱、干燥器、铝盒、调土刀、孔径 0.5 mm 的筛、凡士林等。

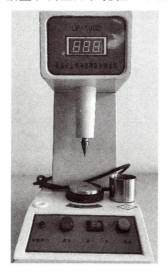

图 1.20　数显式土壤液塑限联合测定仪

4. 操作步骤

（1）制备土样。取过 0.5 mm 筛的代表性土样约 200 g，分成 3 份，分别放入 3 个盛土皿，加入不同数量的纯水，使分别接近液限、塑限和两者中间状态的含水率，调制成均匀的土膏，密封静置 24 h。

（2）准备仪器设备。将液限、塑限联合测定仪调平，使水准泡居中，在锥体上涂以薄层凡士林，开机。

（3）压土入试样杯。将制备好的土膏用调土刀调拌均匀，密实地填入试样杯，应使空气逸出。高出试样杯的余土用刮土刀刮平，随即将试样杯放在仪器底座上。

（4）试验。调节升降座，指示灯亮时，表明圆锥仪锥角接触试样表面，按测量按钮，嘀嘀声响完毕后，即 5 s，立即读数。

（5）提起圆锥仪，降下升降台，取下试杯，将圆锥仪抹上一薄层凡士林。

（6）测定含水率。取下试样杯，挖除锥尖位置土样，然后从杯中取 10 g 以上的试样 2 个，测定含水率。

（7）重复操作。按以上（2）～（5）的步骤，测试其余 2 个试样的圆锥下沉深度和含水率。

5. 试验数据记录

试验数据记录到表 1.25 中。

表 1.25　液塑限联合试验记录表

委托日期		试验编号		试验者	
试验日期		流转号		校核者	
仪器设备					
试样说明					
试样编号					
圆锥下沉深度					
盒号					
盒质量/g					
盒+湿土质量/g					
盒+干土质量/g					
干土质量/g					
水的质量/g					
含水率/%					
平均含水率/%					
液限/%					
塑限/%					
塑性指数					
土的名称					

6. 计算

计算含水率：

$$w = \frac{m_w}{m_s} \times 100\%$$ (1.34)

式中　w——土样的含水率（%）；

　　　m_w——土中水的质量（g）；

　　　m_s——干土的质量（g）。

7. 制图

（1）绘制圆锥下沉深度 h 与含水率 w 的关系曲线。以平均含水率为横坐标，圆锥下沉深度为纵坐标，在双对数纸上绘制 h-w 的关系曲线。

试验结果可能存在以下三种情况：

1）三点连一条直线，如图 1.21（a）所示。

2）当三点不在一条直线上，通过高含水率的一点分别与其余两点连成两条直线，在圆锥下沉深度为 2 处查得相应的含水率，当两个含水率的差值小于 2%，应以该两点含水率的平均值与高含水率的点连成一线，如图 1.21（b）所示。

3）当两个含水率的差值大于或等于 2% 时，应补做试验。

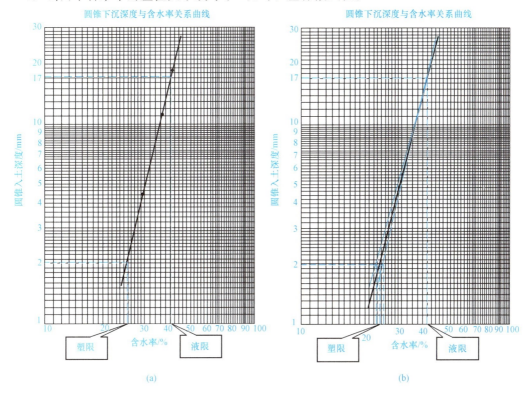

图 1.21　圆锥下沉深度与含水率的关系曲线

（a）三点连一直线；（b）三点不在一条直线

（2）读图，确定液限、塑限。在圆锥下沉深度 h 与含水率 w 关系图上，查得圆锥下沉深度为 17 mm 所对应的含水率为液限 w_L；查得圆锥下沉深度为 2 mm 所对应的含水率为塑限 w_P，以百分数表示，取整数。

（3）计算塑性指数。塑性指数按式（1.35）计算：

$$I_P = w_L - w_P \tag{1.35}$$

式中　I_P——塑性指数，无量纲；

　　　w_L——液限，需要去掉百分号；

　　　w_P——塑限，需要去掉百分号。

（4）按规范规定确定土的名称。查塑性图 1.19，根据试验所得结果：塑性指数和液限含水率，确定在塑性图中的位置，确定土的名称。

8. 试验成绩评价

试验结束后，成绩按表 1.26 中各考核点及评价标准进行评价。

表 1.26　界限含水率试验成绩评价表

项目	序号	考核点	评价标准	扣分点	得分
试验操作	1	将土样过 0.5 mm 筛子，取筛下的土 200 g 左右分成三份，制备不同稠度的土膏（10 分）	土样未过 0.5 mm 筛子，扣 5 分；三个土膏的含水率太接近，扣 5 分		
	2	将制备好的土膏装入塑料袋密封，静置 24 h（5 分）	土膏未密封、静置 24 h，扣 5 分		
	3	调节液塑限联合测定仪底座水平，将圆锥仪的锥体上抹一薄层凡士林（10 分）	未调节底座水平，扣 5 分；圆锥仪锥体没抹一薄层凡士林，扣 5 分		
	4	用调土刀将土膏充分调拌均匀，密实地填入试样杯，使土中空气逸出，高出试样杯的余土用刀刮平（10 分）	填入试样不密实扣 5 分；高出试样杯的余土没刮平，扣 5 分		
	5	调节底座上升直到圆锥仪锥角与试样面接触（这时接触的指示灯会亮）（5 分）	圆锥仪锥角与试样面未接触，扣 5 分		
	6	测读圆锥下沉深度（5 分）	未测读圆锥下沉深度或未做记录，扣 5 分		
	7	向下旋转底座，取出试样杯（5 分）	未向下旋转底座，直接取出试样杯，扣 5 分		
	8	挖去锥尖入土处的凡士林，取锥体附近 10 g 以上的试样 2 个，测定含水率（10 分）	未挖去锥尖入土处的凡士林，扣 5 分；未取土测定含水率，扣 5 分		
数据处理	1	含水率计算（10 分）	含水率计算错误，扣 10 分		
	2	绘制圆锥下沉深度与含水率关系图（5 分）	图形绘制错误，扣 5 分		
	3	计算塑性指数和液性指数（10 分）	计算错误，扣 10 分		
	4	对土进行工程分类（5 分）	分类错误扣 5 分		
劳动素养	1	试验结束仪器设备的整理（4 分）	未关闭设备的，每个扣 2 分，共 4 分，扣完为止		
	2	试验操作台及地面清理（6 分）	清理不干净，每处扣 3 分，共 6 分，扣完为止		
总分		权重		最终得分	

液塑限试验报告如图 1.22 所示。

液塑限试验报告

2022060107K

委托单位：××建筑工程有限公司 　　　　　报告编号：　2022—TG—0089—YSX—001

工程名称：××市 SW 水库建筑及安装工程 　　报告日期：　2022 年 10 月 22 日

建设单位：××市 SW 水库建设有限公司 　　　委托日期：　2022 年 10 月 15 日

监理单位：××建筑工程咨询有限公司 　　　　试验日期：　2022 年 10 月 20 日

施工单位：××建筑工程有限公司 　　　　　　委托人：　×××

试验依据：《土工试验方法标准》(GB/T 50123—2019) 　见证人员：　×××

样品编写	2022—TG—LG07—0034—YSX—001					
圆锥下沉深度/mm	2.4		9.3		19.7	
含水率/%	16.9	17.6	27.7	28.0	31.2	31.0
平均含水率/%	17.2		27.3		3L1	
液限/%	31.6					
塑料/%	16.2					
塑性指数	15.4					
土的名称	低液限黏土					
试验依据	《土工试验方法标准》(GB/T 50123—2019)					

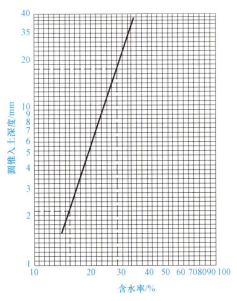

说明	
注意事项	1. 检验检测报告无"CMA"及"检验检测专用章"无效。 2. 此报告涂改无效，复制未重新加盖"CMA"及"检验检测专用章"无效

图 1.22　液塑限试验报告

1. 简答题

（1）如何判断黏性土所处的稠度状态？

（2）如何对黏性土进行命名？

2. 计算题

从某地基中取原状土样，测得土的塑限为 18.2%，液限为 47.6%，天然含水率为 34.8%。判断地基土所处稠度状态并对地基土进行命名。

3. 实训题

中国人民的艺术瑰宝

在甘肃省敦煌市鸣沙山东麓的崖壁上，长长的栈道将大大小小的石窟曲折相连，洞窟的四壁尽是与佛教有关的壁画和彩塑，肃穆端庄的佛影，飘舞灵动的飞天……庄严神秘，令人屏声敛息。

这里，便是世界最大的佛教艺术宝库——莫高窟。

公元前 2 世纪，汉武帝派张骞出使西域，打开了通向中亚、西亚的陆上交通"丝绸之路"。千百年来，碧天黄沙的丝路承载着中西文化交流和友好往来。而敦煌，地处丝路南北三路的分合点，当年曾是一座繁华的都会，贸易兴盛，寺院遍布。以艺术形象宣传思想的佛教，从印度传入中国后，与中华传统文化融合，沿路留下了大量的石窟文化遗产，其中以莫高窟为主体的敦煌石窟规模最大，延续时间最长，内容最丰富，保存最完好。

1987 年 12 月，甘肃敦煌莫高窟被列入《世界遗产名录》。

敦煌莫高窟位于敦煌城西南 25 km 处的大泉河谷里，南北长约为 1 600 m，以精致的墙壁画和雕像闻名世界，被称作"20 世纪最有价值的文化艺术发觉""东方卢浮宫"。莫高窟兴建于十六国的前秦阶段，经各代修建，形成极大的规模，目前洞穴 735 个，墙壁画 4.5×10^4 m^2、砂质彩塑 2 415 尊，集建筑、雕塑作品、墙壁画三位一体，是全世界仅存规模最大、保存最完整的佛家艺术宝藏。据唐朝《李君修慈悲佛龛碑》一书的记述，前秦建元二年（366 年），僧人乐尊途经此山，忽见霞光闪亮，如现万佛，因此便在崖壁上开掘了第一个洞穴。自此法良禅师等又再次在此建洞修禅，称为"漠高窟"，意指"荒漠的高空"，后因"漠"与"莫"通用性，便改称为"莫高窟"。

问题：制作莫高窟彩塑佛像的土是什么土？制作时处于什么状态？目前处于什么状态？

任务 4　　土的工程分类

任务提出

　　SW 水库工程等别为 II 等，工程规模为大（2）型，永久性主要建筑物（挡水坝段、溢流坝段、底孔坝段、引水坝段及连接建筑物）均按2级设计；导墙等次要建筑物按3级设计；临时性建筑物按4级设计。

　　SW 水库总库容为 8.14×10^8 m^3；兴利库容为 5.53×10^8 m^3；SW 水库正常蓄水位为 60.0 m，相应库容为 5.94×10^8 m^3；死水位为 41.0 m，死库容为 0.41×10^8 m^3；防洪限制水位为 59.6 m，设计洪水位（0.2%）为 61.52 m，防洪高水位（1%）为 61.09 m，校核洪水位（0.02%）为 63.66 m；城市与工业多年平均日供水 24.5×10^4 t（从河道取水 4.2×10^4 t），环境多年平均供水流量为 1.13 m^3/s。

　　SW 水库坝址处河谷宽约为 800 m，左岸山坡略陡，右岸较缓，水库枢纽是以土坝为基本坝型的混合坝。大坝全长为 1 148.0 m，最大坝高为 48.8 m。土坝坝顶高程为 65.10 m，防浪墙顶高程为 66.50 m，混凝土坝段顶高程为 65.30 m。土坝分左岸、右岸布置，其中左岸土坝长度为 560.0 m，右岸土坝长度为 327.5 m。主河槽混凝土坝段布置有右连接段、引水坝段、底孔坝段、溢流坝段、挡水坝段、左连接段。其中溢流坝段长度为 176.5 m，引水坝段长度为 20.0 m；底孔坝段长度为 40.0 m；挡水坝段长 18 m，左岸、右岸连接段坝顶长度均为 3.0 m。

　　SW 水库主体工程主要工程量：土石方开挖 59.19×10^4 m^3，土方回填 59.52×10^4 m^3，坝壳砂砾料填筑 146.14×10^4 m^3，黏土心墙 20.49×10^4 m^3，混凝土 46.86×10^4 m^3（其中：混凝土坝段及连接段混凝土总量为 45.43×10^4 m^3）。

　　经勘察的天然建筑材料为筑坝砂砾料、防渗体土料。初步勘测砂砾料场 3 处，防渗体土料场 2 处。

　　对天然建筑材料进行了初勘，勘察结果是：黏土场有一处，砂砾料场在坝址上游有两处料区（I 号料区、II 号料区），在下游有一处料区（III 号料区）。

任务布置

对筑坝砂砾料 3 个料场材料进行命名，判断级配是否良好，能否作为筑坝填筑材料？

任务分析

　　在实际工程中会遇到各种各样的土。在不同的环境里形成的土，其成分和工程性质变化很大，颗粒的大小及其含量又直接影响土的工程性质。因此，对土的颗粒组成的分析及对土进行工程分类的目的就是根据工程实践经验，将工程性质相近的土归成一类并予以定名，以便于对土进行合理的评价和研究，又能使工程技术人员对土有一个共同的认识，利于经验交流。

　　土的分类法有两大类：一类是实验室分类法，该分类法主要是根据土的颗粒级配及塑性等进行分类，常在工程技术设计阶段使用；另一类是目测法，是在现场勘察中根据经验和简易的试验，由土的干强度、含水率、手捻感觉、摇震反应和韧性等，对土进行简易分类。

根据土的颗粒组成，也可判别土的级配是否良好，能否作为筑坝材料。

>>> 相关知识

目前，我国使用的土名和土的室内分类方法并不统一，本书只介绍国标的土工分类标准。

对同样的土如果采用不同的规范分类，定出的土名可能会有差别。所以在使用规范时必须先确定工程所属行业，根据有关行业规范，确定土的工程分类。

4.1 土的粒组与粒组划分

通常将土的性质相近的土粒划分为一组，称为粒组。将土在性质上表现出有明显差异的粒径作为划分粒组的分界粒径。

粒组的划分标准，不同国家，甚至一个国家的不同行业都有不同的规定。

在我国，《土工试验方法标准》（GB/T 50123—2019）在砂粒组与粉粒组的界限上与上述规范的划分标准相同，但要将卵石粒组与砾石粒组的分界粒径改为 60 mm，其粒组划分标准见表 1.27。交通运输部颁发的《公路土工试验规程》（JTG 3430—2020）中的粒组划分与水利部颁发的基本相同，只是将粉粒组与黏粒组的分界粒径改为 0.002 mm，其粒组划分标准见表 1.27。

表 1.27 土的粒组划分

粒组统称	《土工试验方法标准》（GB/T 50123—2019）		《公路土工试验规程》（JTG 3430—2020）	
	粒组划分	粒组范围/mm	粒组划分	粒组范围/mm
巨粒组	漂石（块石）组	>200	漂石（块石）组	>200
	卵石（碎石）组	60~200	卵石（小块石）	60~200
粗粒组	砾粒（角砾） 粗砾	20~60	粗砾	20~60
	砾粒（角砾） 中砾	5~20	中砾	5~20
	砾粒（角砾） 细砾	2~5	细砾	2~5
	砂粒 粗砂	0.5~2	粗砂	0.5~2
	砂粒 中砂	0.25~0.5	中砂	0.25~0.5
	砂粒 细砂	0.075~0.25	细砂	0.074~0.25
细粒组	粉粒	0.005~0.075	粉粒	0.002~0.075
	黏粒	<0.005	黏粒	<0.002

4.2 土的颗粒级配

土的性质取决于不同粒组的相对含量。土中各粒组的相对含量用各粒组占土粒总质量的百分数表示，称为土的颗粒级配。颗粒级配是通过颗粒大小分析试验来测定的。

4.2.1 颗粒分析试验

常用的颗粒分析试验方法有筛析法和密度计法两种。

筛析法适用于粒径大于 0.075 mm 的粗粒土。它是用一套从孔径依次由大到小的标准筛，如图 1.23 所示，将一定质量的有代表性的风干土样倒入标准筛的顶部，再经人工或机械的方法充分振摇，然后称出留在各筛上土的质量，分别计算出小于某一孔径（粒径）的土质量占土样总质量的百分数，简称为小于某粒径的质量百分数。

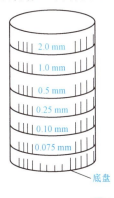

图 1.23　标准筛

密度计法适用于粒径小于 0.075 mm 的细粒土。它是将一定质量的风干土样倒入盛水的玻璃量筒，将其搅拌成均匀的悬液状。根据土颗粒的大小不同在水中沉降的速度也不同的特性，将密度计（图 1.24）放入悬液，测记 0.5 min、1 min、2 min、5 min、15 min、30 min、60 min、120 min、180 min 和 1 440 min 的密度计读数，然后通过公式计算出不同土粒的粒径及其小于该粒径的质量百分数。密度计法的原理和试验方法请参阅相关资料。

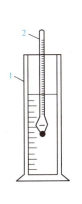

图 1.24　密度计

1—量筒；2—密度计

若土中粗细粒组兼有时，可将土样用振摇法或水冲法过 0.075 mm 的筛子，使其分为两部分：大于 0.075 mm 的土样用筛析法进行分析；小于 0.075 mm 的土样用密度计法进行分析，然后将两种试验成果组合在一起。

4.2.2 颗粒级配曲线

土颗粒大小分析试验的成果，通常在半对数坐标系中点绘制成一条曲线，称为土的颗粒级配曲线，如图 1.25 所示。图中曲线的纵坐标为小于某粒径的质量百分数，横坐标为用对数尺度表示的土粒粒径。因为土中的粒径通常相差悬殊，横坐标用对数尺度可以将细粒部分的粒径间距放大，而将粗粒部分的间距缩小，把粒径相差悬殊的粗粒、细粒的含量都表示出来。尤其能把占总质量小，但对土的性质影响较大的微小土粒部分的含量清楚地表示出来。

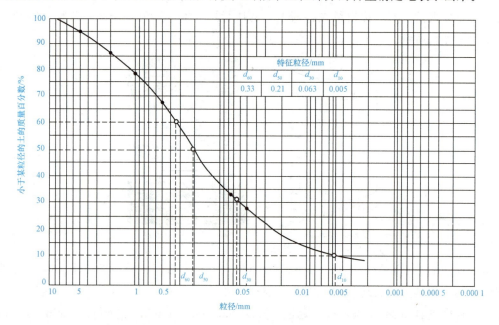

图 1.25 土的颗粒级配累计曲线

由于粒径相近的颗粒所组成的土，具有某些共同的成分和特性，所以常根据颗粒级配曲线计算各粒组的百分比含量，可以根据颗粒级配曲线评价土的级配是否良好，并作为对土进行工程分类的依据。

土中各粒组的相对含量为小于两个分界粒径质量百分数之差。如图 1.25 所示的曲线，对应各粒组的百分比含量：砾（2～60 mm）占 100%－85%＝15%；砂粒（2～0.05 mm）占 85%。

4.2.3 良好级配的判别

级配良好的土，粗细颗粒搭配较好，粗颗粒间的孔隙由细颗粒填充，易被压实到较高的密度。因而，渗透性和压缩性较小，强度较大，所以，颗粒级配常作为选择筑填土料的依据。

在颗粒级配曲线上，可根据土粒的分布情况，定性地判别土的均匀程度或级配情况。如果曲线的坡度是渐变的，则表示土的颗粒大小分布是连续的，称为连续级配；如果曲线中出现水平段，则表示土中缺乏某些粒径的土粒，这样的级配称为不连续级配。如图 1.26

所示的曲线 C，粒径为 $0.6 \sim 1.8$ mm 时曲线是水平的，说明该土缺乏这部分粒径的土粒，所以颗粒大小分布是不连续的。如果曲线形状平缓（如图 1.26 所示的曲线 B），土粒大小变化范围大，表示土粒大小不均匀，土的级配良好；如果曲线形状较陡（如图 1.26 所示的曲线 A），土粒大小变化范围窄，表示土粒均匀，土的颗粒级配不良。

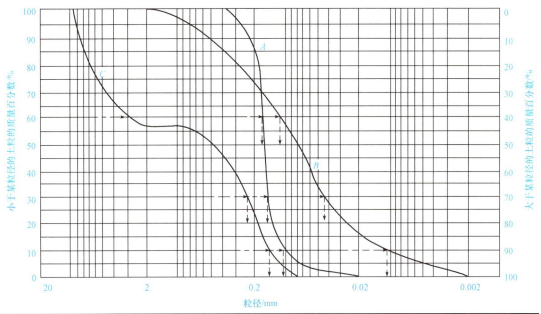

土样编写	不同粒级的土粒组成/%				d_{60}/mm	d_{10}/mm	d_{30}/mm	C_u	C_c
	10~2 mm	2~0.075 mm	0.075~0.005 mm	<0.005					
A	0	95	5	0	0.165	0.11	0.15	1.5	1.24
B	0	52	44	4	0.115	0.012	0.044	9.6	1.40
C	43	57	0	0	3.00	0.15	0.25	20.0	0.14

图 1.26　土的颗粒级配累计曲线

为了能定量地衡量土的颗粒级配是否良好，常用不均匀系数 C_u 和曲率系数 C_c 两个判别指标：

$$C_u = \frac{d_{60}}{d_{10}} \tag{1.36}$$

$$C_c = \frac{d_{30}^2}{d_{60}d_{10}} \tag{1.37}$$

式中　d_{60}——控制粒径，颗粒级配曲线上纵坐标为 60% 时所对应的粒径（mm）；

　　　d_{30}——颗粒级配曲线上纵坐标为 30% 时所对应的粒径（mm）。

　　　d_{10}——有效粒径，颗粒级配曲线上纵坐标为 10% 时所对应的粒径（mm）。

不均匀系数 C_u 是反映级配曲线坡度和颗粒大小不均匀程度的指标。

C_u 值越大，表示颗粒级配曲线的坡度就越平缓，土粒粒径的变化范围越大，土粒就越不均匀；反之，C_u 值越小，表示曲线的坡度就越陡。

土粒粒径的变化范围越小，土粒也就越均匀。工程上常将 $C_u < 5$ 的土称为均匀土；把 $C_u \geqslant 5$ 的土称为不均匀土。

曲率系数 C_c 是反映 d_{60} 与 d_{10} 之间曲线主段弯曲形状的指标。

一般 C_c 值在 1～3 时，表明颗粒级配曲线主段的弯曲适中，土粒大小的连续性较好；C_c 值小于 1 或大于 3 时，颗粒级配曲线都有明显弯曲而呈阶梯状。图 1.26 中所示的曲线 C，颗粒级配不连续，主要由粗颗粒和细颗粒组成，缺乏中间颗粒。

级配良好的土必须同时满足两个条件，即 $C_u \geqslant 5$ 和 $C_c = 1$～3；如不能同时满足这两个条件，则为级配不良的土。

4.3 国标分类法

按《土工试验方法标准》（GB/T 50123—2019）的分类法，土的总分类体系如图 1.27 所示。分类时应以图 1.27 中从左到右分三大步确定土的名称。具体步骤如下。

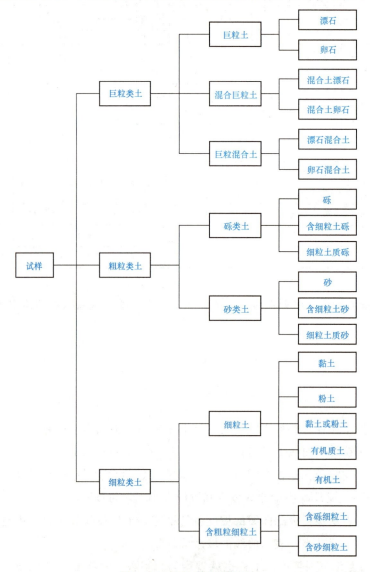

图 1.27 土的总分类体系

4.3.1 鉴别巨粒类土、粗粒类土或细粒类土

首先根据该土样的颗粒级配曲线，确定巨粒组（$d>60$ mm）的质量占土总质量的百分数，当土样中巨粒组质量大于总质量的 15% 时，该土称为巨粒类土。当土样中巨粒组含量不大于总质量的 15% 时，可扣除巨粒，按粗粒土或细粒土的相应规定分类定名；当巨粒对土的总体性状有影响时，可将巨粒计入砾粒组进行分类。

当粗粒组（60 mm$\geqslant d>0.075$ mm）质量大于总质量的 50% 时，该土称为粗粒类土；当细粒组质量大于或等于总质量的 50% 时，该土则为细粒类土。

然后对巨粒类土、粗粒类土或细粒类土进一步细分。

4.3.2 对巨粒类土、粗粒类土或细粒类土的进一步分类

（1）巨粒类土的分类和定名。巨粒类土又分为巨粒土、混合巨粒土和巨粒混合土，即巨粒含量>75% 的划分为巨粒土；50%<巨粒含量≤75% 的划分为混合巨粒土。当巨粒组质量为总土质量的 15%～50% 时，则称为巨粒混合土。巨粒类土和含巨粒土的分类定名，详见表 1.28。

表 1.28 巨粒土和含巨粒土的分类

土类	粒组含量		土代号	土名称
巨粒土	巨粒含量>75%	漂石含量>卵石含量	B	漂石（块石）
		漂石含量≤卵石含量	C_b	卵石（碎石）
混合巨粒土	50%<巨粒含量 ≤75%	漂石含量>卵石含量	BSI	混合土漂石（块石）
		漂石含量≤卵石含量	C_bSI	混合土卵石（碎石）
巨粒混合土	15%<巨粒含量 ≤50%	漂石含量>卵石含量	SIB	漂石（块石）混合土
		漂石含量≤卵石含量	SIC_b	卵石（碎石）混合土

（2）粗粒类土的分类和定名。粗粒类土又分为砾类土和砂类土。当粗粒类土中砾粒组（60 mm$\geqslant d>2$ mm）含量大于砂粒组含量的土称为砾类土；砾粒组的含量不大于砂粒组含量的土称为砂类土。

砾类土和砂类土又细分以下几类：

1）砾类土的分类。根据其中的细粒含量和类别及粗粒组的级配，砾类土又分为砾、含细粒土砾和细粒土质砾。细分和定名详见表 1.29。

表 1.29 砾类土分类表

土类	粒组含量		土代号	土名称
砾	细粒含量<5%	级配：$C_u\geqslant5$，$1\leqslant C_c\leqslant3$	GW	级配良好砾
		级配：不同时满足上述要求	GP	级配不良砾

土类	粒组含量		土代号	土名称
含细粒土砾	5%≤细粒土含量<15%		GF	含细粒土砾
细粒土质砾	15%≤细粒含量<50%	细粒组中粉粒含量不大于50%	GC	黏土质砾
		细粒组中粉粒含量大于50%	GM	粉土质砾

2）砂类土的分类。砂类土也根据其中的细粒含量及类别、粗粒组的级配又分为砂、含细粒土砂和细粒土质砂。细分和定名详见表1.30。

表1.30　砂类土分类定名表

土类	粒组含量		土代号	土名称
砂	细粒含量小于5%	级配：$C_u \geq 5$，$1 \leq C_c \leq 3$	SW	级配良好砂
		级配：不同时满足上述要求	SP	级配不良砂
含细粒土砂	5%≤细粒土含量<15%		SF	含细粒土砂
细粒土质砂	15%≤细粒含量<50%	细粒组中粉粒含量不大于50%	SC	黏土质砂
		细粒组中粉粒含量大于50%	SM	粉土质砂

（3）细粒类土的分类和定名。当细粒质量大于或等于总质量的50%的土称为细粒类土。细粒类土又分为细粒土、含粗粒的细粒土和有机质土。粗粒组含量不大于25%的土称为细粒土；粗粒组含量大于25%且不大于50%的土称为含粗粒的细粒土；含有部分有机质（有机质含量5%≤Q_u<10%）的土称为有机质土。

细粒土、含粗粒的细粒土和有机质土的细分如下：

1）细粒土的分类。细粒土应根据塑性图分类，可查任务3中的分类方法。

2）含粗粒的细粒土分类。含粗粒的细粒土应先按表1.23的规定确定细粒土名称，再按下列规定最终定名：

①砾粒含量大于砂粒含量，称为含砾细粒土，在细粒土代号后缀以代号G，如CHG——含砾高液限黏土，MLG——含砾低液限黏土。

②砾粒含量不大于砂粒含量，称为含砂细粒土，在细粒土代号后缀以代号S，如CHS——含砂高液限黏土，MLS——含砂低液限黏土。

3）有机质土的分类。有机质土是按表1.23规定出细粒土名称，再在各相应土类代号之后缀以代号O，如CHO——有机质高液限黏土；MLO——有机质低液限粉土。也可直接从塑性图中查出有机质土的定名。

另外，自然界中还分布有许多一般土所没有的特殊性质的土，如黄土、红黏土、膨胀土、冻土等特殊土。它们的分类都有专门的规范，工程实践中遇到时，可选择相应的规范查用。

检测任务 4.1 粗粒土的颗粒分析试验

视频：土的颗粒分析试验（筛析法）

本任务土检测委托单见表 1.31。

表 1.31 土检测委托单

委托日期：2021 年 11 月 6 日	试验编号：TG—2021—0114
样品编号：20211106012	流转号：TG—2021—00212
委托单位：××建筑工程有限公司	
工程名称：××市 SW 水库建筑及安装工程	
建设单位：××市 SW 水库建设有限公司	
监理单位：××建筑工程咨询有限公司	
施工单位：××建筑工程有限公司	
使用部位：土方填筑区	取样地点：砂砾料场
委托人：××	见证人员：×××
联系电话：	收样人：
检测性质：施工自检	
检测依据： □《土工试验方法标准》（GB/T 50123—2019）	
检验项目（在序号上画"√"）： 1. 颗粒分析 2. 相对密度	
其他检验项目：	

检测任务描述：砂砾料是水利工程中应用很广的一种建筑材料，其颗粒组成是影响其填筑压实后的密实程度的重要因素，因此，对填土料场中的土料进行颗粒分析试验，以确定料场中的土料是否适用于工程，粗粒土的颗分也是对粗粒土进行命名的依据。

1. 试验目的

颗粒分析试验是测定干土中各种粒组所占该土总质量的百分数，借以明确颗粒大小分布情况，供土的分类与概略判断土的工程性质及选料之用。

2. 试验方法

试验采用筛析法。

3. 仪器设备

（1）试验筛。粗筛：圆孔，孔径为 60 mm、40 mm、20 mm、10 mm、5 mm、2 mm；细筛：孔径为 2.0 mm、1.0 mm、0.5 mm、0.25 mm、0.1 mm、0.075 mm。

（2）天平：量程 1 000 g，精度 0.1 g；量程 200 g，精度 0.01 g。

（3）台秤：量程 5 kg，精度 1 g。

（4）振筛机。

（5）其他：烘箱、研钵、瓷盘、毛刷、木碾等。

4. 操作步骤

（1）从风干、松散的土样中，用四分法按下列规定取出代表性试样：

1）最大粒径小于 2 mm 的土取 100～300 g。

2）最大粒径小于 10 mm 的土取 300～1 000 g。

3）最大粒径小于 20 mm 的土取 1 000～2 000 g。

4）最大粒径小于 40 mm 的土取 2 000～4 000 g。

5）最大粒径小于 60 mm 的土取 4 000 g 以上。

（2）将试样过 2 mm 细筛，分别称出筛上和筛下土质量。若 2 mm 筛下的土，小于试样总质量的 10%，则可省略细筛筛析；若 2 mm 筛上的土，小于试样总质量的 10%，则可省略粗筛筛析。

（3）筛析。取 2 mm 筛上试样倒入依次叠好的粗筛的最上层筛，手摇筛析；取 2 mm 筛下 100～300 g 试样倒入依次叠好的细筛最上层筛，进行筛析。细筛宜放在振筛机上震摇，震摇时间一般为 10～15 min。

（4）称量各筛及筛底上土质量。由最大孔径筛开始，顺序将各筛取下，在白纸上用手轻叩摇晃，如仍有土粒漏下，应继续轻叩摇晃，至无土粒漏下为止。漏下的土粒应全部放入下级筛，并将留在各筛上的试样分别称量，准确至 0.1 g。

注意：各粗筛与细筛上及粗筛筛析与细筛筛析底盘内土质量总和所取试样总质量之差不得大于 1%，否则应重新取样进行试验。

5. 填写试验记录表

把试验数据填入表 1.32 中。

表 1.32　颗粒大小分析试验记录表（筛析法）

委托日期		试验编号		试验者	
试验日期		流转号		校核者	
仪器设备					
试样说明					
风干土质量_____g		小于 0.075 mm 的土占总土质量百分数_____%			
2 mm 筛上土质量_____g		小于 2 mm 的土占总土质量百分数 d_x _____%			
2 mm 筛下土质量_____g		细筛分析时所取试样质量_____g			

筛号	孔径/mm	累积留筛土质量/g	小于该孔径的土质量/g	小于该孔径的土质量百分数/%	小于该孔径的总土质量百分数/%
底盘总计					

6. 试验数据的处理：计算、绘图、读图

（1）计算小于某粒径的试样质量占试样总质量的百分数：

$$x = \frac{m_A}{m_B} \cdot d_x \tag{1.38}$$

式中　x——小于某粒径的试样质量占试样总质量的百分数；

　　　m_A——小于某粒径的试样质量（g）；

　　　m_B——当细筛分析时或用密度计法分析时所取试样质量（粗筛分析时则为试样总质量）（g）；

　　　d_x——粒径小于 2 mm 或粒径小于 0.075 mm 的试样质量占总质量的百分数，如试样中无大于 2 mm 粒径或无小于 0.075 mm 的粒径，在计算粗筛分析时则 $d_x = 100\%$。

（2）绘制颗粒分析曲线，如图 1.28 所示。

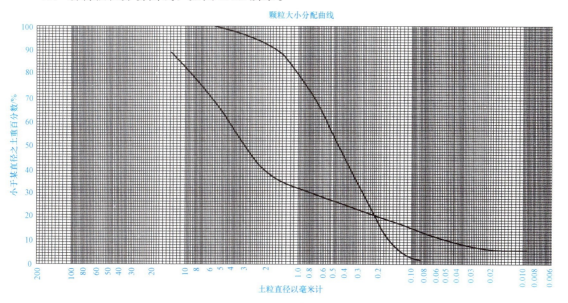

图 1.28　颗粒分析曲线

注意：颗粒分析曲线所用坐标系为单对数坐标系，其坐标为对数坐标，而纵坐标为正常坐标。

（3）查粒组，计算粒组组成。根据粒组划分粒径，从颗粒分析曲线中查得小于该粒径的土占总质量的百分数，计算粒组组成。根据计算所得粒组组成，对该土进行命名。

（4）查特征粒径。由绘制出的颗粒分析曲线，查得 d_{60}、d_{30}、d_{10}，其方法为查出纵坐标分别为 60%、30%、10%，画横线，找到与颗粒分析曲线的交点，然后对应查到该点的横坐标。

（5）计算级配指标。

1）不均匀系数 C_u，由式（1.39）计算：

$$C_u = \frac{d_{60}}{d_{10}} \tag{1.39}$$

2）曲率系数 C_c，由式（1.40）计算：

$$C_c = \frac{d_{30}^2}{d_{60} \times d_{10}} \qquad (1.40)$$

（6）判断其级配情况。同时满足两个条件，即 $C_u \geqslant 5$ 和 $C_c = 1 \sim 3$，级配良好；如不能同时满足这两个条件，则为级配不良。

7. 成绩评价

试验结束后，成绩按表1.33中各考核点及评价标准进行评价。

表 1.33　颗粒大小分析试验（筛析法）成绩评价表

项目	序号	考核点	评价标准	扣分点	得分
试验准备	1	天平调平，开机预热（5分）	天平未调平，扣5分		
	2	天平校准（5分）	天平未校准，扣5分；未正确校准，扣3分		
试验操作	1	检查筛子是否符合规定的孔径顺序（10分）	筛子孔径顺序颠倒，扣10分		
	2	用四分法按规程要求取出代表性试样（10分）	未用四分法取试样，扣5分；未按规程要求取一定量的代表性试样，扣5分		
	3	将取好的试样倒入依次叠好的筛子的最上层。在振筛机上震摇时间一般为 10～15 min（5分）	震摇时间不够，扣5分		
	4	震摇结束后，由最大孔径筛开始，顺序将各筛取下，在白纸上用手轻叩摇晃，如仍有土粒漏下，应继续轻叩摇晃，至无土粒漏下为止。漏下的土粒应全部放入下级筛，并将留在各筛上的试样分别称重，准确至0.1 g（15分）	每层筛子摇晃时间不够仍有土粒漏下，扣5分；称重读数错误，扣5分；数据未及时记录，扣5分		
数据处理	1	计算小于某粒径的试样质量占试样总质量的百分数（10分）	计算错误，扣10分		
	2	绘制颗粒大小分布曲线（5分）	曲线绘制错误，扣5分		
	3	计算粒组组成，对土进行命名（10分）	计算错误，扣5分；命名错误扣5分		
	4	计算不均匀系数和曲率系数（10分）	计算错误，扣10分		
	5	判定土样组配情况（5分）	判定错误，扣5分		
劳动素养	1	试验结束仪器设备的整理（4分）	未关闭设备的，每个扣2分，共4分，扣完为止		
	2	试验操作台及地面清理（6分）	清理不干净，每处扣3分，共6分，扣完为止		
总分			权重	最终得分	

土的颗粒大小分析试验报告如图 1.29 所示。

土的颗粒大小分析试验报告

2022060107K

委托单位：××建筑工程有限公司 报告编号：KF—2022—011

工程名称：××市 SW 水库建筑及安装工程 报告日期：2022 年 6 月 25 日

建设单位：××市 SW 水库建设有限公司 委托日期：2022 年 6 月 17 日

监理单位：××建筑工程咨询有限公司 试验日期：2022 年 7 月 1 日

施工单位：××建筑工程有限公司 取样位置：3-5A 取土场 2

委托人：××× 使用部位：堤身建筑

检测性质：施工自检 见证人员：×××

试验依据：《土工试验方法标准》（GB/T 50123—2019）

试验结果

试样编号	试验方法	颗粒组成				有效粒径 d_{10}	控制粒径 d_{60}	d_{10}	不均匀系数 C_u	曲率系数 C_c	备注
		>60	60~2	2~0.075	<0.075						
	筛析法	0	56.0	42.8	1.2	0.3	3.53	0.77	11.77	0.56	
说明								土样分类与定名		级配不良砾	

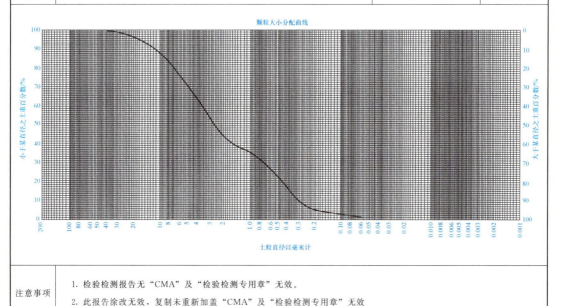

注意事项	1. 检验检测报告无"CMA"及"检验检测专用章"无效。
	2. 此报告涂改无效，复制未重新加盖"CMA"及"检验检测专用章"无效

检测单位（检测专用章）： 批准： 审核： 主检：

图 1.29 土的颗粒大小分析试验报告

视频：土的颗粒分
析试验（密度计法）

检测任务 4.2 细粒土的颗粒分析试验

本任务土检测委托单见表 1.34。

表 1.34 土检测委托单

委托日期：2021 年 11 月 6 日	试验编号：TG—2021—0114
样品编号：20211106012	流转号：TG—2021—00212
委托单位：××建筑工程有限公司	
工程名称：××市 SW 水库建筑及安装工程	
建设单位：××市 SW 水库建设有限公司	
监理单位：××建筑工程咨询有限公司	
施工单位：××建筑工程有限公司	
使用部位：土方填筑区	取样地点：黏土料场
委托人：××	见证人员：×××
联系电话：	收样人：
检测性质：施工自检	
检测依据：	□《土工试验方法标准》（GB/T 50123—2019）
检验项目（在序号上画"√"）： 1. 土粒比重 2. 颗粒分析 3. 界限含水率 4. 击实 5. 直剪 6. 三轴 7. 压缩 8. 有机质	
其他检验项目：	

检测任务描述：《碾压式土石坝设计规范》（NB/T 10872—2021）中第 5.2.4 条规定：用于填筑防渗体的砾石土，应符合下列规定：粒径大于 5 mm 的颗粒含量不宜超过 50%，最大粒径不宜大于 150 mm 或铺土厚度的 2/3，小于 0.075 mm 的颗粒含量不应小于 15%，且小于 0.005 mm 的颗粒含量不宜小于 6%。颗粒级配应连续，填筑时不应发生粗料集中架空现象。当小于 0.005 mm 的颗粒含量小于 6%时或大于 5 mm 的颗粒含量超过 50%时，应进行专门论证。对粒径小于 0.075 mm 的土采用密度计法进行颗粒分析试验。

密度计法是依据斯托克斯（Stokes）定律进行测定的。当土粒在液体中靠自重下沉时，较大的颗粒下沉速度较快，而较小的颗粒下沉速度较慢。一般认为，对于粒径为 0.2～0.002 mm 的颗粒，在液体中靠自重下沉时，做等速运动，这符合斯托克斯定律。

密度计法是将一定质量的土样（粒径＜0.075 mm）放入量筒，然后加入纯水，经过搅拌，使土的大小颗粒在水中均匀分布，制成一定量的均匀浓度的悬液（1 000 mL）。静置悬液，让土粒下沉，在土粒下沉过程中，用密度计（比重计）测出在悬液中对应于不同沉降时间的不同悬液密度，根据密度计读数和土粒的下沉时间，就可计算出土粒粒径小于某一

粒径 d （mm）的颗粒占土样总量的百分数。

1. 试验目的

密度计法颗粒分析试验是测定细粒土中各种粒组所占该土总质量的百分数，借以明确颗粒大小分布情况，供土的分类与判断土的工程性质及选料之用。

2. 试验方法

试验采用密度计法。

3. 仪器设备

（1）密度计：目前通常采用的密度计有甲、乙两种，这两种密度计的制造原理及使用方法基本相同，但密度计的读数所表示的含义是不同的，甲种密度计读数所表示的是一定量悬液中干土质量，乙种密度计读数所表示的是悬液相对密度。

1）甲种密度计，刻度单位以在 20 ℃时每 1 000 mL 悬液内所含土质量的克数来表示，刻度为 $-5\sim50$，分度值为 0.5。

2）乙种密度计，刻度单位以在 20 ℃时悬液的相对密度来表示，刻度为 $0.995\sim1.020$，分度值为 0.000 2。

（2）量筒：容积 1 000 mL，内径约为 60 mm，高约为 45 cm，刻度为 0~1 000 mL，分度值为 10 mL。

（3）试验筛：孔径为 2 mm、1 mm、0.5 mm、0.25 mm、0.15 mm 的细筛及孔径为 0.075 mm 的洗筛。

（4）洗筛漏斗：上口直径略大于洗筛直径，下口直径略小于量筒内径，使洗筛恰可套入漏斗。

（5）天平：量程 200 g，最小分度值 0.01 g。

（6）搅拌器：轮径为 50 mm，孔径约为 3 mm，杆长约为 400 mm，带旋转叶。

（7）煮沸设备：附冷凝管。

（8）温度计：刻度为 0~50 ℃，最小分度值为 0.5 ℃。

（9）其他：秒表、容积 500 mL 的锥形烧瓶、研钵、木杵、电导率仪等。

4. 试剂

（1）分散剂：浓度 4% 六偏磷酸钠，6% 过氧化氢，1% 硅酸钠。

（2）水溶盐检验试剂：10% 盐酸，5% 氯化钡，10% 硝酸，5% 硝酸银。

5. 操作步骤

（1）计算应取试样的质量。宜采用风干土试样，并应按式（1.41）计算试样干质量为 30 g 时所需的风干土质量：

$$m_0 = 30 \times (1+0.01w_0) \tag{1.41}$$

式中　m_0——所需风干土质量（g）；

　　　w_0——风干土含水率（%）。

（2）洗盐。试样中易溶盐含量大于总质量的 0.5% 时，应进行洗盐，易溶盐含量的检验可采用电导法或目测法：

1）电导法。应按电导率仪使用说明书操作，测定 T ℃时试样溶液（土水比为 1∶5）

的电导率，20 ℃时的电导率应按式（1.42）计算：

$$K_{20} = \frac{K_T}{1+0.02 \ (T-20)} \tag{1.42}$$

式中　K_{20}——20 ℃时悬液的电导率（$\mu S/cm$）；

　　　K_T——T ℃时悬液的电导率（$\mu S/cm$）；

　　　T——测定时悬液的温度（℃）。

K_{20}大于 1 000 $\mu S/cm$ 时，应进行洗盐。

2）目测法。取风干试样 3 g，放入烧杯，加适量纯水调成糊状，并用带橡皮头的玻璃棒研散，再加 25 mL 纯水，然后煮沸 10 min，冷却后经漏斗注入 30 mL 的试管，静置过夜，观察试管，当出现凝聚现象时应进行洗盐。

如需进行洗盐，方法参照《土工试验方法标准》（GB/T 50123—2019）规定。

（3）取样，浸泡。称取干质量为 30 g 的风干试样倒入锥形瓶，勿使土粒丢失。注水约 200 mL，浸泡约 12 h。

（4）煮沸。将锥形瓶置于煮沸设备上连接冷凝管进行煮沸。煮沸时间约为 1 h。

注意：在煮沸过程中，锥形瓶中的水量。

（5）过洗筛。将冷却后的悬液倒入瓷杯，静置约 1 min，将上部悬液倒入量筒。杯底沉淀物用带橡皮头研杵细心研散，加水，经搅拌后，静置 1 min，再将上部悬液倒入量筒。如此反复操作，直至杯内悬液澄清为止。当土中粒径大于 0.075 mm 的颗粒大致超过试样总质量的 15％时，应将其全部倒至 0.075 mm 筛上冲洗，直至筛上仅留大于 0.075 mm 的颗粒为止。

（6）细筛筛析。将留在洗筛上的颗粒洗入蒸发皿，倾去上部清水，烘干称量，按标准规定进行细筛筛析。

（7）悬液中加入分散剂。将过筛悬液倒入量筒，加 4％浓度的六偏磷酸钠约 10 mL 于量筒溶液中，再注入纯水，使筒内悬液达 1 000 mL。当加入六偏磷酸钠后土样产生凝聚时，应选用其他分散剂。

（8）搅拌。用搅拌器在量筒内沿整个悬液深度上下搅拌约 1 min，往复各约 30 次，搅拌时勿使悬液溅出筒外。使悬液内土粒均匀分布。

（9）读数。取出搅拌器，将密度计放入悬液中同时开动秒表。可测经 0.5 min、1 min、2 min、5 min、15 min、30 min、60 min、120 min、180 min 和 1 440 min 时的密度计读数。

注意：

1）每次读数均应在预定时间前 10～20 s 将密度计小心地放入悬液接近读数的深度，并应将密度计浮泡保持在量筒中部位置，不得贴近筒壁。

2）密度计读数均以弯液面上缘为准。甲种密度计应准确至 0.5，乙种密度计应准确至 0.000 2，每次读数完毕立即取出密度计放入盛有纯水的量筒，并测定各相应的悬液温度，准确至 0.5 ℃。放入或取出密度计时，应尽量减少悬液的扰动。

3）当试样在分析前未过 0.075 mm 洗筛，在密度计第 1 个读数时，发现下沉的土粒已超过试样总质量的 15％时，则应于试验结束后，将量筒中土粒过 0.075 mm 筛，按标准规定进行筛析，并应计算各级颗粒占试样总质量的百分比。

6. 试验记录

密度计法颗粒分析试验记录见表 1.35。

表 1.35 颗粒分析试验记录表（密度计法）

委托日期		试验编号		试验者	
试验日期		流转号		校核者	
仪器设备					
试样说明					

小于 0.075 mm 的颗粒土质量百分数_____ 　　干土总质量_____

风干土质量_____　　密度计编号_____　　量筒编号_____

烧杯编号_____　　土粒比重_____　　比重校正值 C_s _____

试样处理说明_____　　弯液面校正值 n _____

试验时间	下沉时间 t/min	悬液温度 T/℃	密度计读数 R	温度校正值 m_T	分散剂校正值 C_D	$R_M = R + m + n - C_D$	$R_H = R_M C_S$	土粒落距 L/cm	粒径 /mm	小于某粒径的土质量百分数/%	小于某孔径的试样质量占试样总土质量百分数/%

7. 成果整理

（1）小于某粒径的试样质量占试样总质量的百分比：

1）使用甲种密度计时，按式（1.43）计算：

$$X = \frac{100}{m_d} C_s (R + m_T + n - C_D) \tag{1.43}$$

式中　X——小于某粒径的试样质量百分比（%）；

　　　m_d——试样干土质量（g）；

　　　C_s——土粒比重校正值，可按式（1.44）计算，或查表 1.36。

$$C_s = \frac{\rho_s}{\rho_s - \rho_{w20}} \times \frac{2.65}{2.65 - \rho_{w20}} \tag{1.44}$$

式中　ρ_s——土样密度（g/cm³）；

　　　ρ_{w20}——20 ℃时水的密度（g/cm³），$\rho_{w20} = 0.998\ 232$ g/cm³；

　　　m_T——悬液温度校正值，可查表 1.37；

　　　n——弯液面校正值；

　　　C_D——分散剂校正值；

　　　R——甲种密度计读数。

2）使用乙种密度计时，按式（1.45）计算：

$$X = \frac{100 V_x}{m_d} C'_s \left[(R' - 1) + m'_T - n' - C'_D \right] \rho_{w20} \tag{1.45}$$

式中 C'_s——土粒比重校正值，可按式（1.46）计算，或查表 1.36；

$$C'_s = \frac{\rho_s}{\rho_s - \rho_{w20}} \qquad (1.46)$$

式中 m'_T——悬液温度校正值，可查表 1.30；

n'——弯液面校正值；

C'_D——分散剂校正值；

V_x——悬液体积（等于 1 000 mL）；

ρ_{w20}——20 ℃时水的密度（g/cm^3），$\rho_{w20} = 0.998\ 232\ g/cm^3$。

表 1.36　土粒比重校正值表

土粒比重	相对密度校正值	
	甲种密度计（C_G）	乙种密度计（C'_G）
2.50	1.038	1.666
2.52	1.032	1.658
2.54	1.027	1.649
2.56	1.022	1.641
2.58	1.017	1.632
2.60	1.012	1.625
2.62	1.007	1.617
2.64	1.002	1.609
2.66	0.998	1.603
2.68	0.993	1.595
2.70	0.989	1.588
2.72	0.985	1.581
2.74	0.981	1.575
2.76	0.977	1.568
2.78	0.973	1.562
2.80	0.969	1.556
2.82	0.965	1.549
2.84	0.961	1.543
2.86	0.958	1.538
2.88	0.954	1.532

表 1.37　温度校正值表

悬液温度/℃	甲种密度计温度校正值 m_T	乙种密度计温度校正值 m'_T	悬液温度/℃	甲种密度计温度校正值 m_T	乙种密度计温度校正值 m'_T
10.0	−2.0	−0.001 2	20.0	+0.0	+0.000
10.5	−1.9	−0.001 2	20.5	+0.1	+0.000 1
11.0	−1.9	−0.001 2	21.0	+0.3	+0.000 2
11.5	−1.8	−0.001 1	21.5	+0.5	+0.000 3
12.0	−1.8	−0.001 1	22.0	+0.6	+0.000 4
12.5	−1.7	−0.001 0	22.5	+0.8	+0.000 5
13.0	−1.6	−0.001 0	23.0	+0.9	+0.000 6
13.5	−1.5	−0.000 9	23.5	+1.1	+0.000 7
14.0	−1.4	−0.000 9	24.0	+1.3	+0.000 8
14.5	−1.3	−0.000 8	24.5	+1.5	+0.000 9
15.0	−1.2	−0.000 8	25.0	+1.7	+0.001 0
15.5	−1.1	−0.000 7	25.5	+1.9	+0.001 1
16.0	−1.0	−0.000 6	26.0	+2.1	+0.001 3
16.5	−0.9	−0.000 6	26.5	+2.2	+0.001 4
17.0	−0.8	−0.000 5	27.0	+2.5	+0.001 5
17.5	−0.7	−0.000 4	27.5	+2.6	+0.001 6
18.0	−0.5	−0.000 4	28.0	+2.9	+0.001 8
18.5	−0.4	−0.000 3	28.5	+3.1	+0.001 9
19.0	−0.3	−0.000 2	29.0	+3.3	+0.002 1
19.5	−0.2	−0.000 1	29.5	+3.5	+0.002 2
20.0	−0.0	−0.000 0	30.0	+3.7	+0.002 3

（2）试样颗粒粒径按式（1.47）（斯托克斯公式）计算：

$$d=\sqrt{\frac{1\,800\times10^4}{(G_s-G_{wT})}\frac{\eta}{\rho_{w4}}\times\frac{L}{t}}=K\sqrt{\frac{L}{t}} \tag{1.47}$$

式中　d——试样颗粒粒径（mm）；

　　　η——水的动力黏滞系数（$\times10^{-6}$ kPa·s），可由表 1.38 查得；

　　　G_s——土粒比重；

　　　G_{wT}——T ℃时水的相对密度；

　　　ρ_{w4}——4 ℃时纯水的密度（g/cm³）；

L——某一时间内的土粒沉降距离（cm）；

t——沉降时间（s）；

g——重力加速度（g/cm^2）；

K——粒径计算系数 $\left[=\sqrt{\dfrac{1\,800\times10^4\,\eta}{(G_s-G_{wT})\,\rho_{w4}\,g}}\right]$，与悬液温度和土粒比重有关，可由表 1.39 查得。

表 1.38　水的动力黏滞系数、黏滞系数比

温度 $T/℃$	动力黏滞系数 η / (1×10^{-6} kPa·s)	η_T/η_{20}	温度 $T/℃$	动力黏滞系数 η / (1×10^{-6} kPa·s)	η_T/η_{20}
5.0	1.516	1.501	15.5	1.130	1.119
5.5	1.493	1.478	16.0	1.115	1.104
6.0	1.470	1.455	16.5	1.101	1.090
6.5	1.449	1.435	17.0	1.088	1.077
7.0	1.428	1.414	17.5	1.074	1.066
7.5	1.407	1.393	18.0	1.061	1.050
8.0	1.387	1.373	18.5	1.048	1.038
8.5	1.367	1.353	19.0	1.035	1.025
9.0	1.347	1.334	19.5	1.022	1.012
9.5	1.328	1.315	20.0	1.010	1.000
10.0	1.310	1.297	20.5	0.998	0.988
10.5	1.292	1.279	21.0	0.986	0.976
11.0	1.274	1.261	21.5	0.974	0.964
11.5	1.256	1.243	22.0	0.963	0.953
12.0	1.239	1.227	22.5	0.952	0.943
12.5	1.223	1.211	23.0	0.941	0.932
13.0	1.206	1.194	24.0	0.919	0.910
13.5	1.188	1.176	25.0	0.899	0.890
14.0	1.175	1.163	26.0	0.879	0.870
14.5	1.160	1.148	27.0	0.859	0.850
15.0	1.144	1.133	28.0	0.841	0.833

表 1.39 粒径计算系数 $K\left[K=\sqrt{\dfrac{1\,800\times10^4\eta}{(G_s-G_{wT})\,\rho_{w4}g}}\right]$ 值表

温度/℃	土粒比重								
	2.45	2.50	2.55	2.60	2.65	2.70	2.75	2.80	2.85
5	0.138 5	0.136 0	0.133 9	0.131 8	0.129 8	0.127 9	0.126 1	0.124 3	0.122 6
6	0.136 5	0.134 2	0.132 0	0.129 9	0.128 0	0.126 1	0.124 3	0.122 5	0.120 8
7	0.134 4	0.132 1	0.130 0	0.128 0	0.126 0	0.124 1	0.122 4	0.120 6	0.118 9
8	0.132 4	0.130 2	0.128 1	0.126 0	0.124 1	0.122 3	0.120 5	0.118 8	0.118 2
9	0.130 4	0.128 3	0.126 2	0.124 2	0.122 4	0.120 5	0.118 7	0.117 1	0.116 4
10	0.128 8	0.126 7	0.124 7	0.122 7	0.120 8	0.118 9	0.117 3	0.115 6	0.114 1
11	0.127 0	0.124 9	0.122 9	0.120 9	0.119 0	0.117 3	0.115 6	0.114 0	0.112 4
12	0.125 3	0.123 2	0.121 2	0.119 3	0.117 5	0.115 7	0.114 0	0.112 4	0.111 09
13	0.123 5	0.121 4	0.119 5	0.117 5	0.115 8	0.114 1	0.112 4	0.110 9	0.109 4
14	0.122 1	0.120 0	0.118 0	0.116 2	0.114 9	0.112 7	0.111 1	0.109 5	0.108 0
15	0.120 5	0.118 4	0.116 5	0.114 8	0.113 0	0.111 3	0.109 6	0.108 1	0.106 7
16	0.118 9	0.116 9	0.115 0	0.113 2	0.111 5	0.109 8	0.108 3	0.106 7	0.105 3
17	0.117 3	0.115 4	0.113 5	0.111 8	0.110 0	0.108 5	0.106 9	0.104 7	0.103 9
18	0.115 9	0.114 0	0.112 1	0.110 3	0.108 6	0.107 1	0.105 5	0.104 0	0.102 6
19	0.114 5	0.112 5	0.110 3	0.109 0	0.107 3	0.105 8	0.103 1	0.108 8	0.101 4
20	0.113 0	0.111 1	0.109 3	0.107 5	0.105 9	0.104 3	0.102 9	0.101 4	0.100 0
21	0.111 8	0.109 9	0.108 1	0.106 4	0.104 3	0.103 3	0.101 8	0.100 3	0.099 0
22	0.110 3	0.108 5	0.106 7	0.105 0	0.103 5	0.101 9	0.100 4	0.099 0	0.097 67
23	0.109 1	0.107 2	0.105 5	0.103 8	0.102 3	0.100 7	0.099 3	0.097 93	0.096 59
24	0.107 8	0.106 1	0.104 4	0.102 8	0.101 2	0.099 7	0.098 23	0.096 00	0.095 55
25	0.106 5	0.104 7	0.103 1	0.101 4	0.099 9	0.098 39	0.097 01	0.095 66	0.094 34
26	0.105 4	0.103 5	0.101 9	0.100 3	0.098 79	0.097 31	0.095 92	0.094 55	0.093 27
27	0.104 1	0.102 4	0.100 7	0.099 15	0.097 67	0.096 23	0.094 82	0.093 49	0.092 25
28	0.103 2	0.101 4	0.099 75	0.098 18	0.096 70	0.095 29	0.093 91	0.092 57	0.091 32
29	0.101 9	0.100 2	0.098 59	0.097 06	0.095 55	0.094 13	0.092 79	0.091 44	0.090 28
30	0.100 8	0.00 91	0.097 52	0.095 97	0.094 50	0.093 11	0.091 76	0.090 50	0.089 27

（3）制图。以小于某粒径的试样质量百分数为纵坐标，以颗粒粒径的对数为横坐标，在横坐标为单对数坐标图上绘制颗粒大小分布曲线。

注意：当试样中既有小于 0.075 mm 的颗粒又有大于 0.075 mm 的颗粒而需要进行密度计法和筛析法联合分析时，应将两段曲线连接成一条平滑的曲线。

》》训练与提升

1. 简答题

（1）颗粒级配曲线反映的是什么？如何判别级配是否良好？

（2）如何对无黏性土进行工程分类并命名？

2. 计算题

按《土工试验方法标准》（GB/T 50123—2019），计算出图 1.30 颗粒级配曲线所示土中各粒组的百分比含量，并分析其颗粒级配情况及其土的名称。

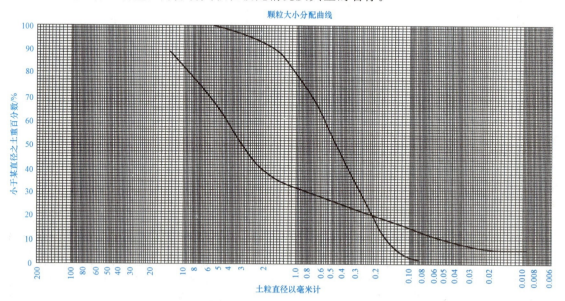

颗粒大小分配曲线

图 1.30　计算题图

项目2 土的压实性与现场检测

掌握确定土的最大干密度及最优含水率的方法及影响击实的因素，现场检测方法及评定方法。

能力目标

能够进行击实试验及其数据处理，碾压试验及其数据处理；对现场进行检测及质量评定。

素质目标

培养实事求是的工作作风、团结协作的精神、诚实守信的品德，提高工程质量意识。

任务1 土的击实性与工程土料选择

任务提出

SW水库工程等别为Ⅱ等，工程规模为大（2）型，永久性主要建筑物（挡水坝段、溢流坝段、底孔坝段、引水坝段及连接建筑物）均按2级设计；导墙等次要建筑物按3级设计；临时性建筑物按4级设计。

SW水库总库容为8.14×10^8 m³；兴利库容为5.53×10^8 m³；SW水库正常蓄水位为60.0 m，相应库容为5.94×10^8 m³；死水位为41.0 m，死库容为0.41×10^8 m³；防洪限制水位为59.6 m，设计洪水位（0.2%）为61.52 m，防洪高水位（1%）为61.09 m，校核洪水位（0.02%）为63.66 m；城市与工业多年平均日供水24.5×10^4 t（从河道取水4.2×10^4 t），环境多年平均供水流量为1.13 m³/s。

1. 土坝施工

土坝包括左岸土坝坝段和右岸土坝坝段，其中左岸土坝长度为560.0 m，右岸土坝长度为 327.5 m，坝顶高程为 65.10 m，防浪墙顶高程为 66.50 m。土坝迎水面边坡坡度为 1∶2.5，背水面边坡坡度为 1∶2.25。坝体中心为黏土心墙，黏土心墙边坡坡度为 1∶0.2，黏土心墙与坝体砂砾料之间为反滤层，上游反滤层厚度为 1.2 m，下游反滤层厚度为 1.5 m。土坝迎水面采用混凝土网格灌砌石护坡，厚度为 40 cm，下设碎石垫层及粗砂垫层，厚度均为 30 cm；背水面采用混凝土框格填碎石护坡，厚度为 30 cm，下设 20 cm 厚碎石垫层。坝体背水面设堆石排水体，背水坡 42.5 m、54.5 m 分设 2 m 宽马道。

2. 基础开挖

（1）基础清基：主要为表层草皮及乱石，平均清基厚度为 0.5 m。土坝基础清基采用 88 kW 推土机集料，将河岸和滩地表层土、砂砾石集中后，3 m³ 挖掘机装 20 t 自卸汽车运往弃碴场（Ⅲ号砂砾石料场）。

（2）土方开挖：采用 3 m³ 挖掘机装 20 t 自卸汽车运输，一部分开挖料运往码头施工场地，用于码头回填，其余开挖料用于管理区、施工营地场区平整。

3. 基础处理

基础防渗处理设计为黏土心墙下设 0.8 m 厚混凝土防渗墙，墙底下部做帷幕灌浆，防渗墙伸入黏土心墙。

防渗墙采用冲击钻（CZ-22）钻进成槽，采用主孔钻进、副孔劈打的施工方法成槽，槽孔长度为 8 m，泥浆固壁，制浆所用黏土取自黏土料场。

防渗墙混凝土采用直升导管法浇筑，由于在防渗墙下的地层中需要设置灌浆帷幕，因此在浇筑混凝土时预留灌浆孔，在槽孔清孔合格后，立即下设预埋管、导管和观测仪器，随后进行混凝土浇筑，混凝土拌制利用主体工程 2×1.5 m³ 拌合楼，3 m³ 混凝土搅拌运输车运输混凝土。

在防渗墙混凝土强度达到可以进行灌浆的强度时，即可进行帷幕灌浆，灌浆采用自上而下灌浆法施工。防渗墙内部预留灌浆管，钻孔采用 XU-150 型地质钻机，灰浆搅拌机拌和灰浆，灌浆泵中压灌浆，采用孔口封闭、孔内循环的灌浆方式。

伸入黏土心墙的防渗墙在帷幕灌浆完成后采用现浇方法施工，3 m³ 混凝土搅拌运输车运输混凝土，人工入仓，插入式振捣器振捣。

4. 坝体填筑

坝壳砂粒料填筑，以黏土心墙为界，分为上下游两个独立的坝壳区，在远离黏土心墙及不影响基础处理的部位，坝壳砂砾石填筑可首先进行，心墙附近的坝壳砂砾石必须后于心墙填筑。少雨季节，先安排靠近防渗体施工，多雨季节，安排远离防渗体施工。

砂砾石坝壳填筑，采用 3 m³ 挖掘机装 20 t 自卸汽车运输上坝，74 kW 推土机摊铺，13 t 振动碾压实。砂砾石料填筑主要作业程序：砂砾石料运输→卸料→摊平→洒水→碾压→现场试验→下一层施工。砂砾料加水采用洒水车。

坝壳砂砾料加水量、铺料厚度及碾压遍数根据砂砾石料性质及压实设备性能通过现场试验确定。

黏土心墙施工应同心墙过渡料、上下游反滤料及部分坝壳平起，黏土心墙采用 3 m³ 挖掘机装 20 t 自卸汽车运土，74 kW 推土机铺土，羊足碾碾压。加水量、铺料厚度、碾压遍数根据土料性质及压实设备性能通过现场试验确定。

反滤料采用 20 t 自卸汽车运输，在自卸汽车车厢尾部加斜挡板，沿反滤层铺设方向边走边卸料，人工平料，13 t 振动碾压实。施工顺序同坝壳砂砾石填筑。块石护坡采用人工砌筑。

堆石排水体自石料场开采块石，3 m³ 装载机装 20 t 自卸汽车运往坝址，74 kW 推土机平料，13 t 振动碾压实。

任务布置

（1）确定黏土心墙的控制干密度和施工含水率。
（2）根据施工需要，确定碾压参数。

任务分析

在工程建设中，经常遇到土方压实的问题，如修筑道路路基、土石坝、堤坝、飞机厂、运动场、挡土墙后填土、建筑物地基的回填等。填土经挖掘、搬运后，原状结构已被破坏，含水率也发生变化，未经压实的填土强度低，压缩性小而且不均匀，遇水易发生塌陷、崩解等。为了改善土的这些工程性质，进行填土时，经常需要采用分层填土分层夯打、振动或碾压等方法，使土层得到压实，以提高土的强度，减小压缩性和渗透性，从而保证地基和土工建筑物的稳定。土的压实就是指土体在压实功作用下，土颗粒克服粒间阻力，产生位移，使土中的孔隙减小，密实度提高。

相关知识

研究细粒土的压实性可以在实验室或施工现场进行。

1.1　击实试验——实验室研究土的压实性的方法

微课：土的压实性

早在 1933 年美国 R. R. Proctor 发明了确定最大干密度和最佳含水率的室内成型试验方法，即普式击实试验法。现《土工试验方法标准》（GB/T 50123—2019）中的击实试验是在普氏击实试验方法基础上进行改进和完善，形成了重型击实和轻型击实两种方式。

试验土料经分层击实后，测出击实后的含水率和干密度，绘制出含水率与干密度关系曲线，即击实曲线，如图 2.1 所示。

黏性土的击实曲线反映出：在一定击实功作用下，黏性土的干密度随含水率变化关系。

击实曲线中出现干密度峰值即最大干密度 ρ_{dmax}，该峰值对应的含水率为最优含水率 w_{op}。

黏性土的击实曲线是一条试验曲线，其数据点来自该土击实试验，通过数据的拟合可

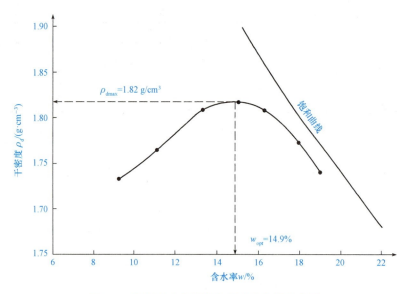

图 2.1　黏性土击实曲线和理论饱和线的关系

以得到一条光滑曲线。黏性土在一定击实功作用下，当含水率较少时，黏土颗粒之间水膜的润滑作用不足，颗粒之间不易错动，土体不易被压实；当含水率较高时，颗粒间水膜较厚，润滑作用很好，但土体孔隙中水体不易被挤出，从而水膜占据了较多的孔隙空间，土体仍然不易被压实。只有当土体含水率达到该击实功作用下的最优含水率时，黏土颗粒之间既有一定的润滑作用，水分也没有挤占太多的孔隙空间，土体才可以达到该击实功作用下的最大干密度。

从理论上讲，如果把孔隙中所有的气体都排出去，即土样达到完全饱和，此时土样达到某一含水率下最密实状态。依据土的饱和度及孔隙比的换算公式，选择不同的干密度即可计算出对应的饱和含水率，绘制出饱和状态下干密度与不同含水率关系曲线。把该曲线与击实曲线绘制于同一坐标图中，如图 2.1 所示，得到饱和度 $S_r = 100\%$ 的压实曲线，称为饱和曲线。因为饱和度为 100% 是理想状态，所以饱和曲线只是一条理论曲线，而非试验曲线，随含水率增大，干密度减小。实际的土达不到完全饱和，因此，击实曲线右半部分与饱和曲线趋势相近，但永不会相交。饱和曲线可用于校正击实曲线。

1.2　影响击实效果的因素

影响击实的因素很多，其中最重要的因素主要有土的性质、含水率和击实功。

1. 土的性质

土是固相、液相和气相的三相体，即以土颗粒为骨架、以水和气体占据颗粒间的孔隙。在相同击实功作用下，含粗粒越多的土，其最大干堆积密度越大，而最优含水率越小，即随着粗粒土的增多，击实曲线的峰点越向左上方移动，如图 2.2 所示。

土的颗粒级配对压实效果也有影响。颗粒级配越均匀，压实曲线的峰值范围就越宽广而平缓；对于黏性土，压实效果与其中的黏土矿物成分含量有关；添加木质素和铁基材料可改善土的压实效果。

砂性土也可用类似黏性土的方法进行试验。干砂在压力与振动作用下，容易密实；稍湿的砂土，因有毛细压力作用使砂土互相靠紧，阻止颗粒移动，击实效果不好；饱和砂土，毛细压力消失，压实效果良好。

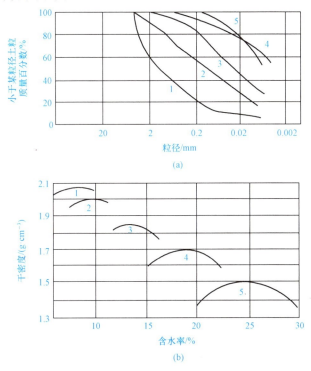

图 2.2　各类土的击实曲线

（a）颗粒分析曲线；（b）击实曲线

1、2、3—粗粒土；4、5—细粒土

2. 土的含水率

土的含水率的大小对击实效果的影响显著。可以这样来说明：当含水率较小时，土中水处于强结合水状态，土粒之间摩擦力、粘结力都很大，土颗粒间的相对移动有困难，因而不易被击实。当含水率增加时，弱结合水水膜变厚，摩擦力和粘结力也减弱，土粒之间彼此容易移动。故随着含水率增大，土的击实干密度增大，至最优含水率时，干密度达到最大值。当含水率超过最优含水率后，水所占据的体积增大，限制了颗粒的进一步接近，含水率越大水占据的体积相对越大，颗粒能够占据的体积相对越小，因而干密度逐渐变小。由此可见，含水率不同，则改变了土中颗粒间的作用力，并改变了土的结构与状态，从而在一定的击实功下，改变着击实效果。

试验统计证明：最优含水率 w_{op} 与土的塑限 w_p 有关，大致为 $w_{op}=w_p \pm 2\%$。土中黏土矿物含量越大，其塑限越大，则最优含水率越大。

3. 击实功

击实功与击实锤的质量、落高、击实次数及被击实土的厚度等有关，如图 2.3 所示。

4. 击实试验中土的制备方法

《土工试验方法标准》（GB/T 50123—2019）中的击实试验，土样的制备有干法制备和湿

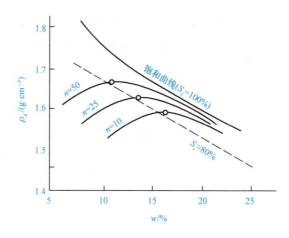

图 2.3　土的含水率、干密度和击实功关系曲线

法制备两种方法。干法制备即取代表性的风干土样用于制备击实试样；湿法制备即取代表性的天然含水率土样用于制备击实试样。在两种试样制备方法中，风干法所得击实试验结果的最大干密度比湿法制备要大。而最优含水率相反，以天然含水率土样制备的试样较大。

1.3　碾压试验——现场研究压实性能

坝料填筑必须通过施工现场碾压试验，确定合适的碾压机械、碾压方法、碾压参数及其他处理措施，并核实设计填筑标准的合理性。

1. 碾压参数

碾压参数包括机械参数和施工参数两大类。当碾压设备型号选定后，机械参数已基本确定。对于黏性土，主要是确定含水率、铺土厚度、碾压遍数；对于非黏性土，一般多加水，可压实，所以主要是确定铺土厚度、碾压遍数。

在确定土料碾压参数前必须对土料场进行充分调查，全面掌握备料场土料的物理力学指标，在此基础上选择具有代表性的料场进行碾压试验，作为施工过程的控制参数。当所选料场土性差异较大时，应分别进行碾压试验。因试验不能完全与施工条件吻合，在确定压实标准的合格率时，应略高于设计标准。

碾压试验前，先通过理论计算并参照已建类似工程的经验，初选几种碾压机械和拟订几组碾压参数，采用逐步收敛法进行试验。

2. 试验组合

碾压试验组合方法有经验确定法、循环法、淘汰法（逐步收敛法）和综合法。一般多采用逐步收敛法，碾压参数组合可参照表 2.1 进行。先以室内击实试验确定的最优含水率进行现场试验，通过设计计算并参照已建类似工程的经验，初选几种碾压机械和拟订几组碾压参数。先固定其他参数，变动一个参数，通过试验得到该参数的最优值；然后固定此最优参数和其他参数，再变动另一个参数，用试验求得第二个最优参数值。以此类推，通过试验得到每个参数的最优值。最后用这组最优参数再进行一次复核试验。倘若试验结果满足设计、施工的技术经济要求，即可作为现场使用的施工压实参数。

黏性土料含水率可分别取 $w_1 = w_p + 2\%$；$w_2 = w_p$；$w_1 = w_p - 2\%$ 三种进行试验。w_p 为土料的塑限。

表 2.1　各种压实设备的压实参数组合

碾压机械	凸块振动碾（压实黏性土及砾质土）	羊脚碾	气胎碾	夯板	振动平碾（压实堆石及砂砾料）
机械参数	选择 1 种碾重和凸块接触压力	选择 3 种碾重或羊脚接触压力	轮胎的气压、碾重各选择 3 种	夯板的自重、直径各选择 3 种	选择 1 种碾重
施工参数	（1）选择 3 种铺土厚度；（2）选择 3 种碾压遍数；（3）选择 3 种含水率	（1）选择 3 种铺土厚度；（2）选择 3 种碾压遍数；（3）选择 3 种含水率	（1）选择 3 种铺土厚度；（2）选择 3 种碾压遍数；（3）选择 3 种含水率	（1）选择 3 种铺土厚度；（2）选择 3 种夯实遍数；（3）选择 3 种夯板落距；（4）选择 3 种含水率	（1）选择 3 种铺土厚度；（2）选择 3 种碾压遍数；（3）充分洒水
复核试验参数	按最优参数试验	按最优参数试验	按最优参数试验	按最优参数试验	按最优参数试验
全部试验组数	10	13	16	19（16）	10（7）
每一参数试验单元大小/m	6×10	6×10	6×10	8×8	10×20

注：1. 堆石的洒水量为其体积的 30%～50%，砂砾料为 20%～40%；
　　2. 夯板直径通常是固定的，故一般只有 16 组；
　　3. 碾重通常是固定值，故一般只有 7 组

3. 分析整理

按不同压实遍数（n）、不同铺土厚度（h）和不同含水率（W）进行压实，取样。每个组合取样数量：黏土、砂砾石 10～15 个；砂及砂砾 6～8 个；堆石料不少于 3 个。分别测定其干密度、含水率、颗粒级配，绘制出不同铺土厚度时压实遍数与干密度、含水率曲线，再做出铺土厚度 h、压实遍数 n、最大干密度 ρ_{dmax}、最优含水率 w_{op} 关系曲线，取最经济的参数。

因为单位压实遍数的铺土厚度最大，需要压实功能最少，最经济合理。确定了合理的压实参数后，将选定的含水率控制范围与天然含水率比较，看是否便于施工控制。否则，适当改变含水率或其他参数再进行试验。

由于非黏性土料的压实效果受含水率影响不显著，故只需做铺土厚度、压实遍数和干密度的关系曲线，如图 2.4 所示。根据设计要求的干密度 ρ_d，求出不同铺土厚度对应的压实遍数 a、b、c，然后仍以单位压实遍数的压实厚度进行比较，以 h_1/a、h_2/b、h_3/c 三值之

中的最大者为最经济合理，其相应的压实参数可选作现场施工的压实参数。

在施工中选择合理的压实方式、铺土厚度及压实遍数，是综合各种因素试验确定的。有时对同一种土料采用两种压实机具、两种压实遍数是最经济合理的。例如，陕西省石头河工程心墙土料压实，铺土厚度为 37 cm，先采用 8.5 t 羊脚碾碾压 6 遍，后采用 25～35 t 气胎碾碾压 4 遍，取得了经济合理的压实效果。

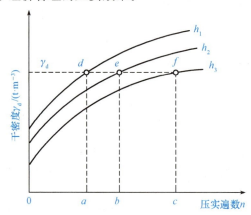

图 2.4　铺土厚度、压实遍数、干密度关系曲线

>> 拓展阅读

超级工程两河口水电站——探索未知、追求真理、勇攀科学高峰的责任感和使命感

两河口水电站（图 2.5）位于四川省甘孜州雅江县境内雅砻江干流与支流庆大河的汇河口下游，在雅江县城上游约 25 km，坝址处多年平均流量为 664 m³/s，水库正常蓄水位为 2 865 m，相应库容为 101.54×10⁸ m³，调节库容为 65.60×10⁸ m³，具有多年调节能力，电站装机容量为 3 000 MW（6×500 MW），多年平均发电量为 110.62×10⁸ kW·h。电站预可行性研究报告和可行性研究阶段坝型选择专题报告均推荐采用黏土心墙堆石坝，最大坝高为 295 m，坝顶高程为 2 875 m，坝顶长度为 650 m。雅砻江中游梯级开发规划雅砻江两河口水电站下一级电站为牙根水电站，牙根水电站正常蓄水位为 2 602 m。两河口水电站心墙堆石坝最大坝高近 300 m，工程规模巨大，防渗土料设计需要量大，心墙承受水头高，对水头的要求也高。

枢纽建筑物由砾石土心墙堆石坝、溢洪道、泄洪洞、放空洞、发电厂房、引水及尾水建筑物等组成。"两河口大坝采用当地材料建设，坝高 295 m，是目前中国已建或在建的第一高土石坝。"雅砻江流域水电开发有限公司相关负责人介绍说："国家体育场'鸟巢'体积约 680×10⁴ m³，坝体总填筑量 4 160×10⁴ m³，相当于 6 个'鸟巢'的体积。"如果做成 1 m³ 的墙体铺展开，可绕地球一圈多。填筑难度高、施工技术复杂，国内外均无成熟、可借鉴经验。

两河口水电工程建设面临高海拔、高边坡、高土石坝、高地应力地下厂房、高泄洪流速等诸多世界级技术难题与挑战。工程之艰巨、技术之复杂，堪称世界之最。

中国工程院院士钟登华介绍，两河口水电站是国内第一座用"施工全过程智能化技术"修建的300 m级超高土石坝工程，填补了高寒地区超高土石坝的建设空白，实现了大坝建设由数字化向智能化的跨越，开创并引领了水利水电工程建设智能化的新方向，具有重要的科学意义和工程价值。

中国工程院院士钮新强认为，两河口水电站创新了国内外高海拔地区防渗土料冻融防控理论、技术标准和施工成套技术，开创了高原冻土区冬季土心墙大规模连续施工的先例。

图 2.5　两河口水电站

>>> 任务实施

检测任务 1.1　确定黏性土心墙的控制干密度和施工含水率

检测任务描述：通过土的击实试验可以确定其最大干密度及最优含水率，从而确定其施工控制干密度及施工含水率。

1. 试验目的

本试验的目的是采用标准的击实方法，测定土的密度与含水率的关系，从而确定土的最大干密度与最优含水率。

轻型击实试验适用于粒径小于 5 mm 的黏性土，重型击实试验适用于粒径小于 20 mm 的土。

2. 试验仪器设备

（1）击实仪：由击实筒、击锤和护筒组成。

（2）天平：量程 200 g，分度值 0.1 g。

（3）台秤：量程 10 kg，分度值 5 g。

（4）孔径为 5 mm 的标准筛。

（5）试样推出器：宜用螺旋式千斤顶。

（6）其他：烘箱、喷水设备、碾土设备、盛土器、修土刀和保湿设备等。

3. 操作步骤

（1）试样制备：分为干法制备和湿法制备。

1）干法制备：

视频：击实试验
土样制备的过程

①四分法取样：取一定数量的代表性风干土样（轻型约为 20 kg），放在橡皮板上碾散。

②过筛：轻型击实试验过 5 mm 筛，将筛下土样搅拌均匀，并测定土样的风干含水率。

③计算加水量：根据土的塑限预估最优含水率，按依次相差约 2% 的含水率制备一组（不少于 5 个）试样，其中应有 2 个试样含水率大于塑限，2 个试样含水率小于塑限，1 个试样含水率接近塑限。

各试样加水量可按式（2.1）计算：

$$m_w = \frac{m}{1+0.01 w_0} \times 0.01 \ (w - w_0) \tag{2.1}$$

式中　m_w——土样所需加水质量（g）；

　　　m——风干含水率时的土样质量（g）；

　　　w_0——风干含水率（%）；

　　　w——各土样计划制备的含水率（%）。

④制备试样：将一定量的土样平铺于不吸水的盛土盘内（轻型击实取土约 2.5 kg），按预定含水率用喷水设备往土样上均匀喷洒所需的加水量，搅拌均匀并装入塑料袋内或密封于盛土器内静置备用。静置的时间：高液限黏土不得少于 24 h；低液限黏土可酌情缩短，但不应少于 12 h。

2）湿法制备：

①四分法取样：取天然含水率的代表性土样（轻型为 20 kg）碾散，过筛，将筛下土样拌匀。

②制备土样：分别风干或加水到所要求的不同含水率，静置。

注意：制备试样时必须使土样中含水率分别均匀。

（2）试样击实。

1）检查仪器设备。将击实仪平稳置于刚性基础上，击实筒内壁和底板涂一薄层润滑油，连接好击实筒与底板，安装好护筒，检查仪器各部件及配套设备的性能是否正常并做好记录。

2）称击实筒质量。

3）分层击实。从制备好的一份试样中称取一定量土料，分 3 层或 5 层倒入击实筒并将土面整平，分层击实。手工击实时，应保证击锤自由铅直下落，锤击点必须均匀分布于土面上，机械击实时，可将定数器调至所需的击数处，按动开关进行击实。

击实后的每层试样高度应大致相等，两层交接面的土面应刨毛。

4）取下护筒，测超高。击实完成后，用修土刀沿护筒内壁削挖后，扭动并取下护筒，测出超高，应取多个测值平均，准确至 0.1 mm。超出击实筒顶的试样高度应小于 6 mm。

5）修平，称质量。沿击实筒顶细心修平试样，拆除底板。试样底面超出筒外时，应修平。擦净筒外壁，称量，准确至 1 g。

6）测含水率。用推土器从击实筒内推出试样，从试样中心处取 2 个一定量的土料，细粒土为 15～30 g，若含有粗粒土为 50～100 g。平行测定土的含水率，称量准确至 0.01 g，两个含水率的最大允许差值应为±1%。

7）按同样方法对其他含水率的试样进行击实。一般不重复使用土样。

注意：击完第一层可以测量剩余高度，以计算出前一层的击实后的土的厚度，预估击完后是否超出规范规定的超高，或者不足击实筒高度。如果为两种情况中的一种，应推出第一层的土，重新预估加土量，进行击实。

4. 记录试验数据

填写击实试验记录（表 2.2）。

表 2.2　击实试验记录表

委托日期		试验编号		试验者	
试验日期		流转号		校核者	
层数		每层击数		落距（mm）	
击实筒体积（cm^3）			击实锤质量（Kg）		
仪器设备					
试样说明					

试验序号	干密度					含水率							
	筒加土质量/g	筒质量/g	湿土质量/g	湿密度/（$g\cdot cm^{-3}$）	干密度/（$g\cdot cm^{-3}$）	盒号	盒质量/g	盒加湿土质量/g	盒加干土质量/g	湿土质量/g	干土质量/g	含水率/%	平均含水率/%
	（1）	（2）	（3）	（4）	（5）		（6）	（7）	（8）	（9）	（10）	（11）	（12）
			（1）－（2）	$\frac{(3)}{V}$	$\frac{(4)}{1+0.01\ (12)}$					（6）－（8）	（7）－（8）	$\left(\frac{(9)}{(10)}-1\right)\times 100$	
最大干密度：　g/cm^3						最优含水率：　%							

5. 计算与制图

（1）计算。

1）根据式（2.2）计算击实后的试样的含水率：

$$w = \left(\frac{m}{m_{\mathrm{d}}} - 1 \right) \times 100\%$$ （2.2）

2）根据式（2.3）计算击实后各试样的干密度：

$$\rho_{\mathrm{d}} = \frac{\rho}{1 + 0.01w}$$ （2.3）

式中 ρ——湿密度（g/cm³）。计算至 0.01 g/cm³。

3）计算土的饱和含水率：

$$w_{\mathrm{sat}} = \left(\frac{\rho_{\mathrm{w}}}{\rho_{\mathrm{d}}} - \frac{1}{G_{\mathrm{s}}} \right) \times 100\%$$ （2.4）

（2）制图。

1）绘制击实曲线：以干密度为纵坐标，含水率为横坐标，绘制干密度与含水率的关系曲线，即击实曲线，如图 2.6 所示。曲线峰值点的纵、横坐标分别代表土的最大干密度和最优含水率。如果曲线不能得出峰值点，应进行补点试验。

2）绘制饱和曲线：依据不同密度时计算出的饱和含水率，以干密度为纵坐标，含水率为横坐标，在击实曲线的图中绘制出饱和曲线，用以校正击实曲线，如图 2.6 中的饱和曲线所示。

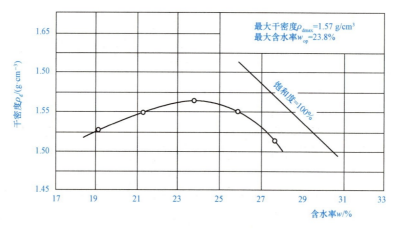

图 2.6 干密度与含水率关系曲线

6. 成绩评价

试验结束后，成绩按表 2.3 中各考核点及评价标准进行评价。

表 2.3 击实试验成绩评价表

项目	序号	考核点	评价标准	扣分点	得分
试验操作	1	土样过 5 mm 或 20 mm 筛子，制备不少于 5 个不同含水率的一组试样，相邻 2 个试样含水率的差值宜为 2%（5 分）	土样制备错误，扣 5 分		

项目	序号	考核点	评价标准	扣分点	得分
试验操作	2	制备好的土样要密封静置（高液限黏土不得少于 24 h，低液限黏土不应少于 12 h）（5 分）	土样未密封静置，扣 5 分		
	3	称量击实筒质量，量取击实筒高度（10 分）	称量击实筒质量，并在试验表格及时记录，未称重或未及时记录，扣 10 分		
	4	将击实筒内壁涂一薄层润滑油，连接好击实筒与底板，安装好护筒，检查仪器各部件及配套设备的性能是否正常（15 分）	击实筒内壁未涂润滑油，扣 5 分；击实筒、底板、护筒连接错误，扣 10 分		
	5	分三层击实土样，每层 25 击（15 分）	分层控制错误，扣 5 分；击实数控制错误，扣 5 分；两层交接面的土面未刨毛，扣 5 分		
	6	击实完成后，测量超出击实筒顶的土样高度应小于 6 mm（10 分）	超出击实筒顶的土样高度大于 6 mm，扣 5 分		
	7	修平击实筒两端土样，称量击实筒和土的总质量（5 分）	称量击实筒和土的总质量，并在试验表格及时记录，未称重或未及时记录，扣 5 分		
数据处理	1	测定并计算土样含水率（10 分）	计算错误，扣 5 分；平行差错误，扣 5 分		
	2	计算土样湿密度（5 分）	计算错误，扣 5 分		
	3	计算土样干密度（5 分）	计算错误，扣 5 分		
	4	绘制干密度与含水率的关系曲线（5 分）	曲线绘制错误，扣 5 分		
劳动素养	1	试验结束仪器设备的整理（4 分）	未关闭设备的，每个扣 2 分，共 4 分，扣完为止		
	2	试验操作台及地面清理（6 分）	清理不干净，每处扣 3 分，共 6 分，扣完为止		
总分			权重		最终得分	

击实试验报告如图 2.7 所示。

击实试验报告

2022060107K

委托日期：2022 年 10 月 15 日　　　　　　报告编号：JS—2022—0092

试验日期：2022 年 10 月 22 日　　　　　　报告日期：2022 年 10 月 24 日

委托单位：××建筑工程有限公司

工程名称：××市 SW 水库建筑及安装工程

建设单位：××市 SW 水库建设有限公司

监理单位：××建筑工程咨询有限公司

施工单位：××建筑工程有限公司

使用部位：×××堤防加培土方填筑区　　　　样品来源：3-6A 取土场

委托人：×××　　　　　　　　　　　　　见证人员：×××

检测性质：施工自检　　　　　　　　　　　分类与定名：中粉质壤土

试验依据：《土工试验方法标准》（GB/T 50123—2019）

击实试验结果

样品编号		2022—TG—LG07—0034—JS—001				
土的类别		—		土粒比重	2.69	
试验仪器	标准击实仪	轻型击实	击锤质量/kg	2.5	每层击数	25
平均含水率/%	14.3	16.4	18.3	20.6	22.1	
湿密度/（g·cm⁻³）	1.90	1.96	2.00	2.01	2.00	
干密度/（g·cm⁻³）	1.66	1.68	1.69	1.67	1.64	
最大干密度/（g·cm⁻³）		1.69				
最优含水率/%		18.3				
说明		依据业主要求土样分类与定名按照《堤防工程地质勘察规程》（SL188—2005）执行				

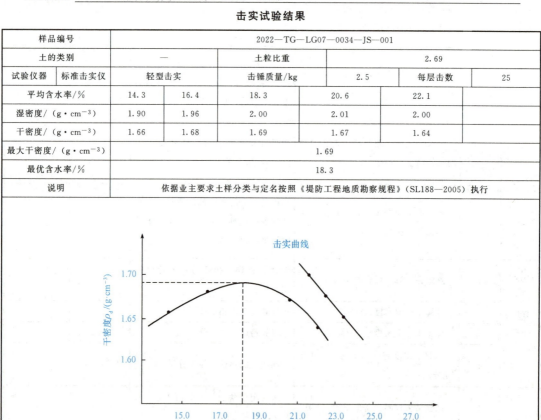

注意事项	1. 检验检测报告无"CMA"及"检验检测专用章"无效。
	2. 此报告涂改无效，复制未重新加盖"CMA"及"检验检测专用章"无效

检测单位（检测专用章）：　　　　　批准：　　　　　审核：　　　　　主检：

图 2.7　击实试验报告

检测任务 1.2 确定碾压参数

1. 试验目的

确定施工用土的碾压参数。

2. 试验仪器设备

（1）主要填筑碾压设备依据坝料类别、性质、碾压密实度、工程规模与填筑强度等选用，包括振动凸块碾、振动平碾、羊角碾、挖掘机、装载机、洒水设备、推土机、自卸汽车等。

（2）环刀：配环刀盖，环刀内径不宜小于 10 cm，高度不宜小于 6 cm。

（3）其他：切土刀、凡士林、干燥器、称量盒、铲土工具、烘箱。

3. 操作步骤

（1）备料场。

1）备料场用于堆放、储存试验用料及进行含水率、颗粒级配调整。

2）备料场宜布置在碾压试验场附近，便于土料的运输。

3）备料场的面积应能满足试验需要。不同类别、不同含水率要求的土料应分别在备料场分区堆存，各区之间应预留足够的间距。

4）备料场应设置防水排水措施。

（2）料场土料开采。在选定的取料点位置，将覆盖层剥除，按要求的开采深度取料，宜采用立面开采、混合均匀的取料工艺。装运土料前，需要进行含水率检测。

（3）装卸及运输。

1）装、卸车时应避免粗细料分离。

2）运输车辆应保持车厢、轮胎等的清洁。

3）所取土料含水率指标符合试验要求的直接运至碾压场，需要进行级配及含水率调整的运至备料场。

4）运输过程中应有土料含水率保护措施。

（4）当土料填筑含水率不满足要求时，按照下列措施处理：

1）提高含水率。土料含水率较低，低于施工控制含水率时，宜在备料场按照土料需要的加水量进行加水，采用机械边翻拌边加水或在土堆中设置沟渠灌水，加水完成后将土料堆成土堆，用防水布盖好备用。为提高土料含水率的均匀性，应根据土料特性留出必要的试样密封时间。

2）降低含水率。土料天然含水率较高，高于施工控制含水率时，宜在备料场采用翻晒法等降低含水率，根据气温和土料含水率实际情况用机械将土料摊成一定厚度的薄层，用人工将土块耙碎，间隔一段时间将土料翻拌一次。随时快速测定含水率，将翻晒合格后的土料堆成土堆，用防水布盖好备用。

（5）铺料。

1）标识出试验单元的位置及边界。

2）将合格的土料采用进占法或后退法卸料，施工机械应不能破坏已碾压好的土体。

3）用推土机平料，铺填推平宜一次到位。

4）应控制铺填厚度，铺填厚度控制误差为±5％。

5）土料平整后，表层含水率损失较大时，需要对表土进行人工表面喷水湿润；下雨时应采取防水措施。

6）填筑新土层时，应对已压实土层表面洒水湿润。试验中若存在"橡皮土"时，禁止在其上铺填新土。

（6）碾压试验要求。

1）碾压应符合要求。碾压机具根据工程需要选用羊脚碾。

2）碾压前应对土料进行含水率试验，每个试验单元试验组数不少于3组。

3）本试验组合预定的所有试验项目完成且经现场校核无误后，用试验土料将试坑回填，人工夯实紧密。

4）作为下一场次碾压试验基层时，应满足要求。

5）碾压试验结束后，宜将填筑土体开槽，观察填土是否均匀密实及层面结合等情况，并对开挖断面进行摄影录像等记录。

（7）试验检测：黏性土现场密度试验，宜采用环刀法。碾压后进行含水率测定。

4. 分析整理

按不同压实遍数（n）、不同铺土厚度（h）和不同含水率（w）进行压实，取样 10～15 个，成果填入干密度测定成果表（表2.4）。

表 2.4　干密度测定成果表

n	h_1				h_2				h_3				h_4			
	w_1	w_2	w_3	w_4	w_1	w_2	w_3	w_4	w_1	w_2	w_3	w_4	w_1	w_2	w_3	w_4
n_1																
n_2																
n_3																
n_4																

根据表2.4，绘制不同铺土厚度、不同压实遍数、土料含水率和干密度的关系曲线，如图2.8所示。

根据上述关系曲线，查出最大干密度对应的最优含水率，填入最大干密度与最优含水率汇总表，见表2.5。

表 2.5　最大干密度与最优含水率汇总表

h	h_1			h_2			h_3			h_4		
n												
最大干密度												
最优含水率												

根据表 2.5 再绘制铺土厚度 h、压实遍数 n、最大干密度 ρ_{dmax}、最优含水率 w_{op} 关系曲线，如图 2.9 所示。

在图 2.9 所示的曲线上，根据设计干密度 ρ_d，分别查取不同铺土厚度所需的碾压遍数 a、b、c 及相应的最优含水率 d、e、f。然后计算铺土厚度与压实遍数比值，即 h_1/a、h_2/b、h_3/c，取最大者。

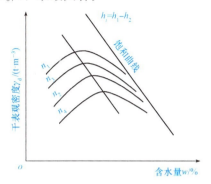

图 2.8　铺土厚度、压实遍数、
干密度、含水率关系曲线

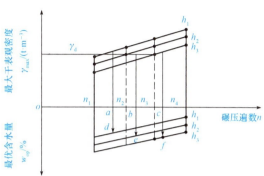

图 2.9　铺土厚度、压实遍数、
最大干密度、最优含水率关系曲线

训练与提升

1. 简答题

（1）影响土的击实试验的因素有哪些？

（2）简述击实试验操作步骤。

（3）简述碾压试验操作步骤。

2. 计算题

完成某土体轻型击实试验，填写试验记录（表 2.6），并进行计算，绘制击实曲线。如果现场控制压实度为 96%，则控制填筑干密度是多少？

表 2.6　试验记录表

土的类别或名称		细粒土				土粒比重		
试验仪器	标准击实仪	筒容积/cm³			击锤质量/kg		每层击数	
击实筒质量								
筒＋湿土质量								
湿土质量								
湿密度/（g·cm⁻³）								
干密度/（g·cm⁻³）								
盒号								
盒质量/g								
盒＋湿土质量/g								
盒＋干土质量/g								
水质量/g								
干土质量/g								
含水率/%								
平均含水率/%								
最大干密度/（g·cm⁻³）								
最优含水率/%								
试验依据		《土工试验方法标准》（GB/T 50123—2019）						
干密度 ρ_d/（g·cm⁻³）								

任务2 土方填筑现场质量检测及评定

SW 水库工程等别为 Ⅱ 等，工程规模为大（2）型，永久性主要建筑物（挡水坝段、溢流坝段、底孔坝段、引水坝段及连接建筑物）均按 2 级设计；导墙等次要建筑物按 3 级设计；临时性建筑物按 4 级设计。

SW 水库总库容为 8.14×10^8 m³；兴利库容为 5.53×10^8 m³；SW 水库正常蓄水位为 60.0 m，相应库容为 5.94×10^8 m³；死水位为 41.0 m，死库容为 0.41×10^8 m³；防洪限制水位为 59.6 m，设计洪水位（0.2%）为 61.52 m，防洪高水位（1%）为 61.09 m，校核洪水位（0.02%）为 63.66 m；城市与工业多年平均日供水 24.5×10^4 t（从河道取水 4.2×10^4 t），环境多年平均供水流量为 1.13 m³/s。

土坝施工：土坝包括左岸土坝坝段和右岸土坝坝段，其中左岸土坝长度为 560.0 m，右岸土坝长度为 327.5 m，坝顶高程为 65.10 m，防浪墙顶高程为 66.50 m。土坝迎水面边坡坡度为 1∶2.5，背水面边坡坡度为 1∶2.25。坝体中心为黏土心墙，黏土心墙边坡坡度为 1∶0.2，黏土心墙与坝体砂砾料之间为反滤层，上游反滤层厚度为 1.2 m，下游反滤层厚度为 1.5 m。土坝迎水面采用混凝土网格灌砌石护坡，厚度为 40 cm，下设碎石垫层及粗砂垫层，厚度均为 30 cm；背水面采用混凝土框格填碎石护坡，厚度 30 cm，下设 20 cm 厚碎石垫层。坝体背水面设堆石排水体，背水坡 42.5 m、54.5 m 分设 2 m 宽马道。

右岸坝段基础防渗采用帷幕灌浆，在黏土心墙下设混凝土齿墙，混凝土齿墙下进行帷幕灌浆；左岸坝段基础防渗采用混凝土防渗墙及帷幕灌浆，在黏土心墙下设混凝土防渗墙，防渗墙内预留灌浆孔，防渗墙下帷幕灌浆。

土坝坝段主要工程量为：基础土方开挖 21.58×10^4 m³，砂粒料填筑量 146.14×10^4 m³，二期围堰堰坝结合砂砾石填筑量 19.90×10^4 m³，黏土心墙填筑量 20.49×10^4 m³，过渡料、垫层、反滤料等 12.40×10^4 m³，块（碎）石护坡 3.45×10^4 m³，堆石排水体 2.47×10^4 m³，混凝土 1.25×10^4 m³，混凝土防渗墙 0.66×10^4 m²，坝顶沥青路面 0.68×10^4 m³。

坝体填筑：坝壳砂粒料填筑，以黏土心墙为界，分为上下游两个独立的坝壳区，在远离黏土心墙及不影响基础处理的部位，坝壳砂砾石填筑可首先进行，心墙附近的坝壳砂砾石必须后于心墙填筑。少雨季节，先安排靠近防渗体施工，多雨季节，安排远离防渗体施工。

砂砾石坝壳填筑，采用 3 m³ 挖掘机装 20 t 自卸汽车运输上坝，74 kW 推土机摊铺，13 t 振动碾压实。砂砾石料填筑主要作业程序：砂砾石料运输→卸料→摊平→洒水→碾压→现场试验→下一层施工。砂砾料加水采用洒水车。

坝壳砂砾料加水量、铺料厚度及碾压遍数根据砂砾石料性质及压实设备性能通过现场试验确定。

反滤料采用 20 t 自卸汽车运输，在自卸汽车车厢尾部加斜挡板，沿反滤层铺设方向边走边卸料，人工平料，13 t 振动碾压实。施工顺序同坝壳砂砾石填筑。块石护坡采用人工砌筑。

堆石排水体自石料场开采块石，3 m³ 装载机装 20 t 自卸汽车运往坝址，74 kW 推土机平料，13 t 振动碾压实。

▶▶▶ 任务布置

对坝壳砂砾料填筑质量进行检测，并对单元工程质量进行评定。

▶▶▶ 任务分析

土方工程施工质量检查与控制，对保证土方工程的施工质量具有重要的意义。根据不完全统计，已查明滑坡原因的 107 座土石坝中，因施工质量差而导致滑坡溃坝的有 73 座，占 68%。因此，在土石方施工中，必须建立健全质量管理体系，严格按行业标准和质量合同条款控制施工质量。压实质量检测可根据土料类别选用合适的检测方法，有环刀法、灌水法、灌砂法或无核密度仪。

▶▶▶ 相关知识

2.1 土方填筑质量检查与控制

土方填筑质量控制主要包括料场和土方填筑两个方面。

2.1.1 料场的质量检查和控制

各种筑坝材料应以料场控制为主，必须是合格的土料方能运输上坝。不合格的材料应在料场处理合格后方能上坝，否则，按废料处理，在料场建立专门的质量检查站，主要控制：是否在规定的料区开采，是否将草皮、覆盖层等清除干净；坝料开采加工方法是否符合规定；排水系统、防雨措施、负温下施工措施是否完备；土料性质、级配、含水率是否符合要求。

若土料的含水率偏高，一方面应改善料场的排水条件并采取防雨措施，另一方面应将含水率高的土料进行翻晒处理，或采取轮换掌子面的办法，使土料含水率降低到规定范围再开挖。若以上方法不能满足设计要求，可以采取机械烘干。

2.1.2 土方填筑质量检查和控制

土方填筑质量是保证土方施工质量的关键，应严格按施工技术要求进行控制。

土料压实得越好，物理力学性能指标就越高，坝体填筑质量就越有保证。但对土料过分压实，不仅增加了费用，还会产生剪力破坏。因此，应确定合理的填筑标准。不同性质的土石料，填筑标准也各不同。

1. 含砾和不含砾的黏性土

含砾和不含砾的黏性土的填筑标准，应以压实度和最优含水率作为设计控制指标。

现场施工土方压实度可由土方压实后干密度与土的击实试验所得最大干密度计算得到。

$$R_c = \frac{\rho_d}{\rho_{dmax}} \tag{2.5}$$

式中　R_c——压实度；

　　　ρ_d——土方压实后干密度（g/cm³）。

《碾压式土石坝设计规范》（SL 274—2020）中规定 1、2 级坝及 3 级以下高坝，压实度不应低于 98%；3 级中坝、低坝及 3 级以下中坝不应低于 96%。

《堤防工程设计规范》（GB 50286—2013）中规定压实度应符合下列规定：1 级堤防不应小于 0.95；2 级和堤身高度不低于 6 m 的 3 级堤防不应小于 0.93；堤身高度低于 6 m 的 3 级及 3 级以下堤防不应小于 0.91。

施工中，黏性土现场密度检测宜采用环刀法。环刀容积不小于 200 cm³。测密度时，应取压实层的下部，也可采用灌砂法、灌水法及无核密度仪法等。

施工含水率是由标准击实条件时的最大干密度确定的，最大干密度对应的最优含水率 w_{op}（下同）是一个点值，而实际的天然含水率总是在某一个范围内变动。为适应施工的要求，必须围绕最优含水率规定一个范围，即含水率的上下限。在击实曲线上以设计干重度值 γ_d 作水平线与曲线相交的两点就是施工含水率的控制范围，如图 2.10 所示。

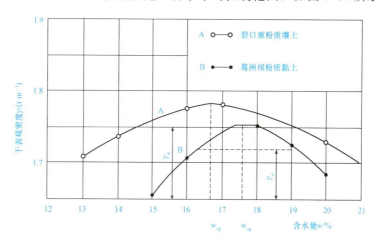

图 2.10　设计干密度与施工含水率范围

当含水率低于"$w_{op}-5\%$"时，填筑土体容易发生裂缝；含水率从小于"$w_{op}-3\%$"增加到接近 w_{op} 时土的柔性大大增加。

另外，施工含水率的范围还要考虑施工碾压的可能性，如含水率超过"$w_{op}+2\%$"，羊脚碾碾压困难。

通常对压实标准要求较高的土石坝，施工含水率的上限一般不超过"w_{op}（或 w_p）+（2%～3%）"；下限一般不低于"w_{op}（或 w_p）-2%"。

较为理想的是用低于最优含水率 w_{op} 的土料填筑心墙下部，以降低孔隙压力和压缩性；而用高于最优含水率 w_{op} 的土料填筑其上部及邻近坝肩的区段，以增加塑性和变形能力，从而减少开裂的可能性。

2. 砂土及砂砾石

设计的相对密实度，与地震等级、坝高等有关。要求一般土石坝，或地震烈度在 5 度以下的地区，D_r 不宜低于 0.67；对高坝，或地震烈度为 8～9 度时，D_r 应不小于 0.75。对砂性土，还要求颗粒不能太小和过于均匀，级配要适当，并有较高的密实度，防止产生液化。现场检测压实后密度可采用灌砂法、灌水法，也可采用无核密度仪法。

3. 石碴及堆石体

石碴及堆石体作为坝壳填筑料，压实指标一般用孔隙率 n 表示。根据国内外的工程实践经验，碾压式堆石坝坝体压实后孔隙率应小于 30%，为了防止过大的沉陷，一般规定，n 为 22%～28%（压实平均干密度为 2.04～2.24 g/cm³）。面板堆石坝上游主堆石区孔隙率标准为 21%～25%（压实平均干密度为 2.24～2.35 g/cm³）；用砂砾料填筑的面板坝，砂砾料压实平均孔隙率为 15% 左右。堆石料的现场密度检测宜用挖坑灌水法或表面波法、测沉降法等。

2.2 土方填筑工程质量检查与评定

《水利水电单元工程施工质量验收评定标准 堤防工程》（SL 634—2012）中规定：

（1）土料碾压筑堤单元工程宜分为土料摊铺和土料碾压两个工序。其中，土料碾压工序为主要工序。

（2）土料碾压筑堤单元工程施工前，应在料场采集代表性土样复核上堤土料的土质，确定压实控制指标，并应符合下列规定：

1）上堤土料的颗粒组成、液限、塑限和塑性指数等指标应符合设计要求。

2）上堤土料为黏性土或少黏性土的，应通过轻型击实试验，确定其最大干密度和最优含水率。

上堤土料为无黏性土的，应通过相对密度试验，确定其最大干密度和最小干密度。

4）当上堤土料的土质发生变化或填筑量达到 3×10^4 m³ 及以上时，应重新进行上述试验，并及时调整相应控制指标。

（3）铺土厚度、压实遍数、含水率等压实参数值通过碾压试验确定。

（4）土料碾压施工各检验项目的检验方法及检验数量见表 2.7。

表 2.7 土料碾压检验项目、方法和数量

项次		检验项目	检验方法	检验数量
主控项目	1	压实度或相对密度	土工试验	每填筑 100～200 m³ 取样一个，堤防加固按堤轴线方向每 20～50 m 取样一个
一般项目	1	搭接碾压宽度	观察、量测	全数
	2	碾压作业程序	检查	每台班 2～3 次

（5）土料碾压筑堤的压实质量控制指标应符合下列规定：

1）上堤土料为黏性土或少黏性土时应以压实度来控制压实质量；上堤土料为无黏性土

时应以相对密度来控制压实质量。

2）堤坡与堤顶填筑（包边盖顶），应按表 2.7 中老堤加高培厚的要求控制压实质量。

3）不合格样的压实度或相对密度不应低于设计值的 96%，且不合格样不应集中分布。

4）合格工序的压实度或相对密度等压实指标合格率应符合表 2.8 的规定；优良工序的压实指标合格率应超过表 2.7 规定数值的 5 个百分点或以上。

表 2.8 土料填筑压实度或相对密度合格标准

序号	上堤土料	堤防级别	压实度/%	相对密度	压实度或相对密度合格率/%		
					新筑堤	老堤加高培厚	防渗体
1	黏性土	1 级	≥94		≥85	≥85	≥90
		2 级和高度超过 6 m 的 3 级堤防	≥92		≥85	≥85	≥90
		3 级以下及低于 6 m 的 3 级堤防	≥90		≥80	≥80	≥85
2	少黏性土	1 级	≥94		≥90	≥85	
		2 级和高度超过 6 m 的 3 级堤防	≥92		≥90	≥85	
		3 级以下及低于 6 m 的 3 级堤防	≥90		≥85	≥80	
3	无黏性土	1 级		≥0.65	≥85	≥85	
		2 级和高度超过 6 m 的 3 级堤防		≥0.65	≥85	≥85	
		3 级以下及低于 6 m 的 3 级堤防		≥0.60	≥80	≥80	

▶▶ 任务实施

检测任务 2.1 灌砂法试验检测现场密度

检测任务描述：对砂类土和砾类土进行现场检测宜采用灌砂法和灌水法，对细粒土的现场检测也可采用。

1. 仪器设备

（1）灌砂法密度试验仪：包括漏斗、漏斗架、防风筒、套环、固定器。

（2）台秤：量程 10 kg，分度值 5 g；量程 50 kg，分度值 10 g。

（3）量砂：粒径 0.25～0.50 mm 的干燥清洁标准砂 10～50 kg。

（4）其他：有盖的量砂容器、直尺、铲土工具。

视频：土的密度
试验（灌砂法）

2. 操作步骤

采用套环的灌砂法试验应按下列步骤进行：

（1）整理测点处地面。选定具有代表性的面积约 40 cm×40 cm 的场地并将地面铲平。检查填土压实密度时，应将表面未压实土层清除掉，并将压实土层铲去一部分，其深度视需要而定，使试坑底能达到规定的深度。

（2）称取装量砂的容器加量砂质量。按图 2.11 所示将仪器放在整平的地面上，用固定器将套环固定。开漏斗阀，将量砂经漏斗灌入套环，待套环灌满后，拿掉漏斗、漏斗架及防风筒，无风可不用防风筒，用直尺刮平套环上砂面，使其与套环边缘齐平。将刮下的量砂细心倒回量砂容器，不得丢失。称量砂容器加第 1 次剩余量砂质量。

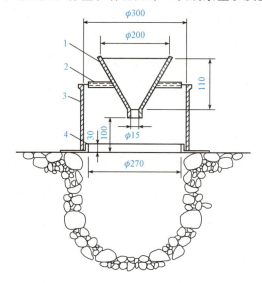

图 2.11　灌砂法密度试验仪（单位：mm）
1—漏斗；2—漏斗架；3—防风筒；4—套环

（3）取出套环内量砂，并称量。将套环内的量砂取出，称量，倒回量砂容器。环内量砂允许有少部分仍留在环内。

（4）挖试坑，测试坑内土的含水率。在套环内挖试坑，其尺寸应符合表 2.9 的规定。挖坑时要特别小心，将已松动的试样全部取出，放入盛放试样的容器内，称容器加试样质量，并取代表性试样，测定含水率。

表 2.9　试坑尺寸与相应的最大粒径 　　　　　　　　　　　mm

试样最大粒径	试坑尺寸	
	直径	深度
5（20）	150	200
40	200	250
60	250	300
200	880	1 000

（5）试坑内灌入量砂。在套环上重新装上防风筒、漏斗架及漏斗。将量砂经漏斗灌入试坑内，量砂下落速度应大致相等，直至灌满套环。

（6）刮平，称量剩余量砂与筒的总质量。取掉漏斗、漏斗架及防风筒，用直尺刮平套环上的砂面，使其与套环边缘开平。刮下的量砂全部倒回量砂容器内，不得丢失。称量砂容器加第二次剩余量砂质量。

不采用套环的灌砂法试验应按下列步骤进行：

1）按上述规定选择试验地点，在刮平的地面上应按表 2.8 的规定挖坑。

2）称取装量砂容器加量砂质量，在试坑上放置防风筒和漏斗，将量砂经漏斗灌入试坑，量砂下落速度应大致相等，直至堆满试坑。

3）试坑灌满量砂后，去掉漏斗及防风筒，用直尺刮平量砂表面，使其与原地面齐平，将多余的量砂倒回量砂容器，称量砂容器加剩余量砂质量。

3. 记录试验数据

填写现场密度检测灌砂法记录见表2.10。

表 2.10　现场密度检测灌砂法记录表

委托日期		试验编号		试验者	
试验日期		流转号		校核者	
仪器设备					
试样说明					
量砂容器质量加原有量砂质量/g					
量砂容器质量加第 1 次剩余量砂质量/g					
套环内耗砂质量/g					
量砂的平均密度/（g·cm⁻³）					
套环体积/cm³					
从套环中取出的量砂质量/g					
套环内残留量砂质量/g					
量砂容器质量加第 2 次剩余量砂量/g					
试坑及套环内耗砂质量/g					
量砂密度/（g·cm⁻³）					
试坑及套环总体积/cm³					
试坑体积/cm³					
试样容器质量加试样质量（包括少量遗留砂质量）/g					
试样容器质量/g					
试样质量/g					
试样密度/（g·cm⁻³）					
试样含水率/%					
干密度/（g·cm⁻³）					
平均干密度/（g·cm⁻³）					

4. 成果整理

按下式计算湿密度：

（1）采用套环法，按式（2.6）计算：

$$\rho=\frac{(m_{y4}-m_{y6})-\left[(m_{y1}-m_{y2})-m_{y3}\right]}{\dfrac{m_{y2}+m_{y3}-m_{y5}}{\rho_{1s}}-\dfrac{m_{y1}-m_{y2}}{\rho'_{1s}}} \tag{2.6}$$

（2）不采用套环法，按式（2.7）计算：

$$\rho=\frac{m_{y4}-m_{y6}}{\dfrac{m_{y1}-m_{y7}}{\rho_{1s}}} \tag{2.7}$$

式中　m_{y1}——量砂容器质量加原有量砂质量（g）；

　　　m_{y2}——量砂容器质量加第 1 次剩余量砂质量（g）；

　　　m_{y3}——从套环中取出的量砂质量（g）；

　　　m_{y4}——试样容器质量加试样质量（包括少量遗留砂质量）（g）；

　　　m_{y5}——量砂容器质量加第 2 次剩余量砂质量（g）；

　　　m_{y6}——试样容器质量（g）；

　　　m_{y7}——量砂容器加剩余量砂质量（g）；

　　　ρ_{1s}——往试坑内灌砂时量砂的平均密度（g/cm³）；

　　　ρ'_{1s}——挖试坑前，往套环内灌砂时量砂的平均密度（g/cm³），计算至 0.01 g/cm³。

（3）干密度应按式（2.8）计算：

$$\rho_d=\frac{\rho}{1+0.01w} \tag{2.8}$$

（4）本试验需要进行两次平行测定，取其算术平均值。

检测任务 2.2　灌水法试验检测现场密度

1. 仪器设备

本试验所用的仪器设备应符合下列规定：

（1）水筒：直径应均匀，并附有刻度。

（2）台秤：量程 20 kg，分度值 5 g；量程 50 kg，分度值 10 g。

（3）薄膜：聚乙烯塑料薄膜。

（4）其他：铲土工具、水准尺、直尺等。

视频：土的密度
试验（灌水法）

2. 试验步骤

（1）整理测点处地面。将测点处的地面整平，并用水准尺检查。

（2）挖试坑，称土的质量，测含水率。应按规定确定试坑尺寸，按确定的试坑直径画出坑口轮廓线，在轮廓线内下挖至要求的深度。将坑内的试样装入盛放土容器内，称取试样质量，取有代表性的试样测定含水率。

（3）找平，贴薄膜。试坑挖好后，放上相应尺寸的套环，并用水准尺找平，将大于试坑容积的塑料薄膜沿坑底、坑壁紧密相贴，如图 2.12 所示。

（4）注水，记录储水筒注水前后水位高度。记录储水筒内初始水位高度，拧开储水筒内的注水开关，将水缓慢注入塑料薄膜。当水面接近套环上边缘时，将水流调节小，直至水面与套环上边缘齐平时关注水开关，不应使套环内的水溢出；持续 3～5 min，如图 2.13 所示，记录储水筒内水位高度。

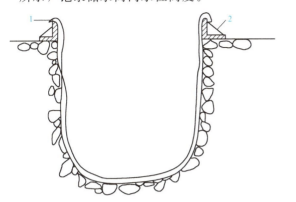
图 2.12　灌水法密度试验（找平）
1—塑料薄膜；2—钢套环

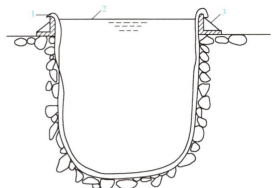
图 2.13　灌水法密度试验（注水）
1—塑料薄膜；2—参考水平面；3—钢套环

（5）把水盛出，用同样的土把试坑填好并压实。

3. 试验数据记录

试验所得数据记录到表 2.11 中。

表 2.11　灌水法密度试验记录表

委托日期			试验编号			试验者		
试验日期			流转号			校核者		
仪器设备								
试样说明								
试样编号	套环体积 V_{th} /cm³	储水桶水位/cm		储水桶面积 A_w/cm²	试坑体积 V_{sk}/cm³	试样质量 m_0/g	试样含水率 w/%	试样湿密度 ρ/（g·cm⁻³）	试样干密度 ρ_d/（g·cm⁻³）
		初始 H_{t1}	终了 H_{t2}						

4. 成果整理

（1）按式（2.9）计算试坑体积。

$$V_{sk} = (H_{t2} - H_{t1}) A_w - V_{th} \tag{2.9}$$

式中　V_{sk}——试坑体积（cm³）；

　　　H_{t1}——储水筒内初始水位高度（cm）；

H_{t2}——储水筒内注水终了时水位高度（cm）；

A_w——储水筒断面面积（cm^2）；

V_{th}——套环体积（cm^3）。

（2）按式（2.10）计算湿密度，计算至 0.01 g/cm^3。

$$\rho = \frac{m_0}{V_{sk}} \tag{2.10}$$

式中　V_{sk}——试坑体积（cm^3）。

　　　m_0——挖试坑取出的土质量（g）。

（3）本试验需要进行两次平行测定，两次平行试验平行差为 0.03 g/cm^3，取算术平均值。

检测任务 2.3　三点击实法检测现场密度

检测任务描述： 在现场检测过程中，可能会使所检测结果密度比实验室中所得最大干密度还要大，这是土体不均匀造成的。《碾压式土石坝施工规范》（DL/T 5129—2013）采用了三点击实法，以根据工程所在地当地土料性质对填土工程进行现场快速检测。

三点击实试验法是由美国人海尔夫（Hilf）发明的一种适应复杂土料填筑质量控制的检测方法。采用此法进行现场检测时，不需要测定土的含水率，仅在现场测定土的湿密度后，用与其相同土样进行三种含水率击实试验，测定土的击实湿密度，通过变换，计算出最大纵距的湿密度值，以此来确定填土的压实度、最优含水率与填土含水率差值。

1. 试验目的

现场填土快速检测。

2. 仪器设备

（1）击实仪：由击实筒、击锤和护筒组成。

（2）不锈钢恒质量环刀：尺寸参数应符合现行国家标准《岩土工程仪器基本参数及通用技术条件》（GB/T 15406—2007）的规定。

（3）电子天平：量程 500 g，最小分度值 0.1 g。

（4）台秤：量程 10 kg，分度值 5 g。

（5）标准筛：孔径为 5 mm。

（6）试样推出器：宜用螺旋式千斤顶。

（7）其他：挖土工具、锤子、喷水设备、碾土设备、盛土器、修土刀和保湿设备、钢丝锯、凡士林、玻璃片等。

3. 操作步骤及数据处理

（1）数解法。

1）测定现场湿密度 ρ_f。用环刀现场取样，测定现场湿密度。其操作方法参照环刀法测土的密度。

2）测现场土样击实湿密度。在环刀取样的位置附近取过 5 mm 筛的 3 kg 湿土，用标准击实仪对土样进行击实。其操作方法参照轻型击实试验。

击实试验结束，测其击实湿密度 ρ_1，因该土样保持原有含水率未加水，因此可计为加水率 $Z=0$。

其湿密度 ρ_1 与变换湿密度 ρ'_1 相同，按式（2.11）计算。

$$\rho'_1 = \frac{\rho_1}{1+0} \tag{2.11}$$

3）测现场土样加水 2% 后击实湿密度。同样取 3 kg 过 5 mm 筛保持填土含水率的土样，加水 60 cm²（60 g），即加水率 $Z=60/3\,000\times100\%=2\%$，混合均匀后，用标准击实仪对土样进行击实。

击实试验结束，测其击实后湿密度 ρ_2，按式（2.12）计算其变换湿密度：

$$\rho'_2 = \frac{\rho_2}{1+0.02} \tag{2.12}$$

4）测现场土样加水 4% 后击实湿密度。同样取 3 kg 过 5 mm 筛保持填土含水率的土样，加水 120 cm²（120 g），即加水率 $Z=120/3\,000\times100\%=4\%$，混合均匀后，用标准击实仪对土样进行击实。

击实试验结束，测其击实后湿密度 ρ_3，按式（2.13）计算其变换湿密度：

$$\rho'_3 = \frac{\rho_3}{1+0.04} \tag{2.13}$$

5）绘制变换湿密度与加水率关系曲线，计算曲线峰值点坐标，确定变换最大湿密度及最优含水率与填土含水率的差值。

以变换湿密度为纵坐标，加水率 Z 为横坐标，绘制 ρ'-Z 关系曲线，如图 2.14 所示。

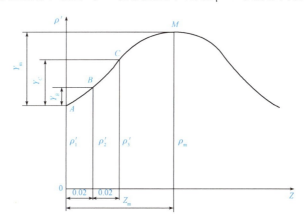

图 2.14　变换湿密度与加水量关系曲线

通过击实试验变换湿密度 3 个坐标点 A、B、C 点的抛物线峰值点位置 M（Z_m、ρ_m），按式（2.14）、式（2.15）计算。

$$Z_m = \frac{4\,(\rho'_2-\rho'_1)-(\rho'_3-\rho'_1)}{2\,(\rho'_2-\rho'_1)-(\rho'_3-\rho'_1)} \tag{2.14}$$

$$\rho_m = \rho'_1 + \frac{[4\,(\rho'_2-\rho'_1)-(\rho'_3-\rho'_1)]^2}{8[2\,(\rho'_2-\rho'_1)-(\rho'_3-\rho_1)]} \tag{2.15}$$

式中　Z_m——最优含水率与填土含水率的差值（%）；

　　　ρ'_1——现场含水率不变时击实后的变换湿密度（g/cm³）；

ρ'_2——现场含水率加水 2% 时击实后的变换湿密度（g/cm³）；

ρ'_3——现场含水率加水 4% 时击实后的变换湿密度（g/cm³）；

ρ_m——变换最大湿密度（g/cm³）。

6）计算现场压实度。压实度按式（2.16）计算。

$$P = \frac{\rho_f}{\rho_m} \qquad (2.16)$$

式中　P——压实度；

ρ_f——现场测定的湿密度（g/cm³）。

（2）图解法。

1）准备一张"三点击实控制图"。"三点击实控制图"以变换湿密度 ρ' 为纵坐标、加水率 Z 为横坐标，如图 2.15 所示。

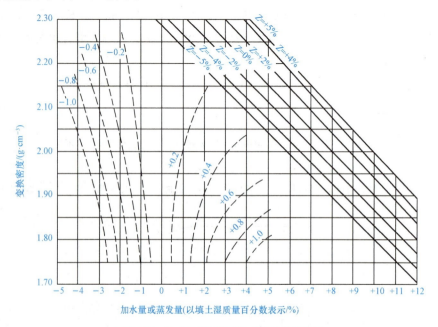

图 2.15　三点击实控制图（变换湿密度）

2）测定现场湿密度 ρ_f，并把其标在"三点击实控制图"上。

其横坐标为 0，纵坐标为 ρ_f，如图 2.16 中的 ρ'_f 所示。

3）测现场土样击实湿密度。在环刀取样的位置附近取过 5 mm 筛的 3 kg 湿土，用标准击实仪对土样进行击实。其操作方法参照轻型击实试验。

击实试验结束，测定其击实湿密度 ρ_1，因该土样保持原有含水率未加水，可计为加水率 $Z=0$。因此其变换湿密度 ρ_1 与击实湿密度 ρ_1 相等，如图 2.16 中的点①所示。

4）测现场土样加水 2% 后击实湿密度，计算其变换湿密度。同样取 3 kg 过 5 mm 筛保持填土含水率的土样，加水 60 cm²（60 g），即加水率 $Z=60/3\,000 \times 100\% = 2\%$，混合均匀后，用标准击实仪对土样进行击实。

击实试验结束，测定其击实后湿密度 ρ_2，其变换湿密度可由"三点击实控制图"确定。确定方法：首先由纵坐标查出其击实湿密度，画一条水平线与 $Z=2\%$ 的斜线相交，由交点画一竖线，与 $Z=0$ 的斜线相交，再由此交点画水平线与横坐标为 $+2\%$ 的竖线相交，该交点所对应纵坐标即变换湿密度 ρ_2。如图 2.16 中的点 2 所示。

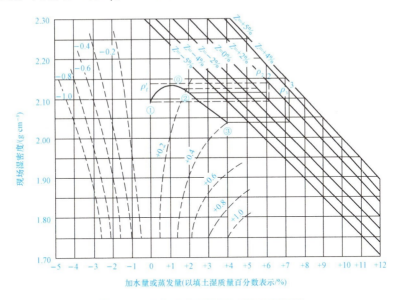

图 2.16 三点击实控制图（现场湿密度）

5）测现场土样加水 4% 后击实湿密度。若点②的纵坐标比点①大时，同样取 3 kg 过 5 mm 筛保持填土含水率的土样，加水 120 cm²（120 g），即加水率 $Z=120/3\,000\times100\%=4\%$，混合均匀后，用标准击实仪对土样进行击实试验。

击实试验结束，测定其击实后湿密度 ρ_3。其变换湿密度可由"三点击实控制图"确定。确定方法：首先由纵坐标查出其击实湿密度，画一条水平线与 $Z=4\%$ 的斜线相交，由交点画一竖线，与 $Z=0$ 的斜线相交，再由此交点画水平线与横坐标为 $+4\%$ 的竖线相交，该交点所对应纵坐标即变换湿密度 ρ_2，如图 2.17 中的点 3 所示。

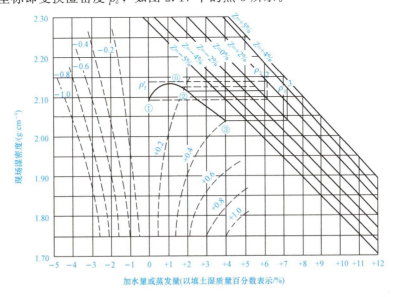

图 2.17 三点击实控制图

6）若点②的纵坐标比点①小时，取 3 kg 小于 5 mm 保持填土含水率的土样，将原土样干燥，使其水分减少 45 cm^2（45 g），即加水率 $Z=-45/3\,000\times100\%=-1.5\%$，混合均匀后，以标准功能进行击实试验，测得击实湿密度 ρ_3。

将该值标在"二点击实控制图"斜线 $Z=-1.5\%$ 相应纵坐标点 3 上，由点 3 引铅直线与 $Z=0\%$ 的斜线相交，再由相交点引水平线与横坐标 -1.5% 的纵线相交，其交点为点③，如图 2.16 所示。

7）将点①、②、③连接成光滑的曲线，确定其最大纵坐标点⑥，其变换湿密度值即变换最大湿密度。

8）由点①引水平线与 $Z=0\%$ 斜线相交，由相交点作铅直线与 ρ'_f 点引出的水平线相交，查出此交点在斜线的读数。压实度 $P=100\%+$ 斜线读数。

9）由点①引水平线与 $Z=0\%$ 斜线相交，由相交点作垂线与 ρ' 点引出的水平线相交，查出此交点在斜线的读数。密度比 $C=100\%+$ 斜线读数。

10）计算。最优含水率与填土含水率差值，按式（2.17）计算。

$$w_{op}-w_f=\Delta+Z_m \tag{2.17}$$

式中　w_{op}——最优含水率（%）；

　　　w_f——填土含水率（%）；

　　　Δ——校正值，根据点①处于图中虚线间的位置查得；

　　　Z_m——三点击实控制图中曲线的最大纵坐标点对应的横坐标。

11）烘干原上样，求得现场含水率 w_f，各参数按式（2.18）～式（2.20）计算。

现场填土干密度（小于 5 mm）。

$$\rho_d=\frac{\rho_f}{1+w_f} \tag{2.18}$$

式中　ρ_d——现场干密度（<5 mm）（g/cm^3）；

　　　ρ_f——现场填土湿密度（<5 mm）（g/cm^3）；

　　　w_f——现场填土含水率（%）。

试验击实最大干密度：

$$\rho_{dmax}=\frac{\rho_{max}}{1+w_f} \tag{2.19}$$

式中　ρ_{dmax}——试验击实最大干密度（g/cm^3）；

　　　ρ_{max}——三点击实控制图中曲线的最大纵坐标（g/cm^3）；

　　　w_f——现场填土含水率（%）。

试验击实最优含水率：

$$w_{op}=w_f\,(1+w_f)\,Z_m \tag{2.20}$$

式中　w_{op}——最优含水率（%）；

　　　w_f——现场填土含水率（%）；

　　　Z_m——三点击实控制图中曲线的最大纵坐标点对应的横坐标。

1. 简答题

（1）如何对堤防工程土方填筑质量进行评定？

（2）灌砂（水）法测定土的压实度的适用范围是什么？

（3）灌砂法测定土的压实度时有哪些注意事项？

2. 实训题

表2.12为某堤防工程土方填筑某单元工程土料碾压工序压实度检测成果，试对该单元工程的土料碾压工序进行评定。

表2.12 某堤防工程土方填筑某单元工程土料碾压工序压实度检测成果

序号	桩号	干密度	压实度	序号	桩号	干密度	压实度
1	K1＋550	1.62	0.93	16	K1＋555	1.66	0.95
2	K1＋580	1.61	0.93	17	K1＋595	1.61	0.92
3	K1＋605	1.61	0.93	18	K1＋640	1.63	0.93
4	K1＋665	1.62	0.93	19	K1＋685	1.61	0.93
5	K1＋690	1.62	0.93	20	K1＋715	1.57	0.90
6	K1＋730	1.64	0.94	21	K1＋755	1.61	0.93
7	K1＋770	1.62	0.93	22	K1＋785	1.62	0.93
8	K1＋795	1.63	0.94	23	K1＋800	1.62	0.93
9	K1＋815	1.60	0.92	24	K1＋825	1.62	0.93
10	K1＋830	1.61	0.93	25	K1＋845	1.61	0.92
11	K1＋860	1.58	0.91	26	K1＋875	1.62	0.93
12	K1＋890	1.61	0.93	27	K1＋915	1.64	0.94
13	K1＋925	1.61	0.93	28	K1＋930	1.61	0.93
14	K1＋945	1.62	0.93	29	K1＋955	1.62	0.93
15	K1＋970	1.62	0.93	30	K1＋995	1.61	0.93

项目 3　土的渗透性检测与渗透变形防治

任务 1　土的渗透性检测

》》**任务提出**

　　SW 水库总库容为 8.14×10^8 m³，水库工程规模为大（2）型。水库主要建筑物由拦河坝、泄水建筑物和引水建筑物组成，水库坝址处河谷宽约为 800 m，左岸山坡略陡，右岸则较缓，水库枢纽是以土坝为基本坝型的混合坝。其中，左岸土石坝为 499 m，右岸土石坝为 351.5 m，中间混凝土坝为 297.5 m，坝顶高程为 64.8 m，最大坝高为 48.3 m，坝脚宽度为 190 m，坝顶宽度为 8 m。坝体利用防浪墙挡水，防浪墙顶高程为 66.00 m，坝顶宽度为 8.00 m。左岸坝体上游坝坡坡度为 1∶2.5，下游坝坡分为两级，坝面坡度由上至下为 1∶2.25、1∶2.50。贴坡排水体边坡坡度为 1∶3.25。最大坝高为 36.10 m。右岸坝体上游坝坡坡度为 1∶2.50，下游坝坡分为两级，坝面坡度由上至下为 1∶2.25、1∶2.50。坝体上游坝面为干砌石护坡，厚度为 0.4 m，下设 0.3 m 厚碎石和 0.3 m 厚粗砂反滤层。下游坝面采用碎石护坡，厚度为 0.3 m。为便于运行管理，在坝体下游设一级马道，左岸马道高程为 52.00 m，右岸马道高程为 56.00 m，马道顶宽度均为 2.0 m。坝脚高程 39.00 m 以下部位设置贴坡排水体。土坝坝基防渗采用混凝土防渗墙，墙下设置帷幕灌浆。土石坝基础防渗墙为塑性混凝土结构，防渗墙布置在 Sta＋1.50 位置，防渗墙共分 93 个槽段，设置于黏土心墙下部，墙底入强风化岩 0.5 m，防渗墙厚度为 600 mm，最大墙高度为 15.5 m。性能指标：抗压强度 R_{28}＝1.0～2.5 MPa，渗透系数 $K \leqslant 10^{-7}$ cm/s，弹性模量 $E_{28} \leqslant 500$ MPa。其中左岸导流明渠软弱地层防渗墙全长为 27.4 m，共有 5 个槽段，74#～77# 每个槽段的长度为 6 m，78# 槽段长度为 3.4 m，防渗墙的原地面高程为 29.8 m，墙顶高程为 28.5 m，墙底高程为 18.2 m，成孔深度为 11.6 m，防渗墙的高度为 10.3 m，塑性混凝土防渗墙面积为 282.2 m^2。

坝址区第四系松散地层分布于河谷两岸，左岸河漫滩为单层结构，主要为圆砾层；一级阶地为双层结构，上覆粉土层，厚度为 1.7～5.0 m，下部主要为圆砾层，最大厚度约为 13.5 m。右岸以圆砾层为主，分布于漫滩上，厚度约为 4.0 m。坝址区第四系覆盖层中粉土渗透系数为 5.03×10^{-5} cm/s，为弱透水层；圆砾层渗透系数为 1.42×10^{-1} cm/s，为强透水层。河谷部位地下水水位在勘探期间为 28.00～29.47 m，河水位为 28.00 m。左岸导流明渠覆盖层厚、结构复杂，闸址河床物质为冲积、冲洪积堆积的砂卵砾石层和粉砂土层，河床覆盖层厚度一般为 10～13.5 m，其间夹有流动性较强的细砂夹卵石软弱地层。坝址区基岩岩性主要为安山岩和熔岩，以安山岩为主，坝址区分布较广；熔岩以凝灰岩和火山角砾岩为主，局部为熔结流纹岩、凝灰质砂岩等，主要分布于坝址区河床部位和右岸岸坡。

任务布置

1. 水为什么可以在土里发生渗透？本工程的筑坝材料主要为土料，土料在什么样的条件下可以挡水？对于不同部位的土料，水的渗透规律又是什么？土的渗透性影响因素有哪些？

2. 2021 年水库除险加固，LNST 检测中心收到委托对其左岸心墙坝料及上游坝壳料渗透系数进行测定，委托单见表 3.1 和表 3.2。

表 3.1　材料试验委托单

合同编号：stsy2021—001	委托日期：2021 年 6 月 13 日
委托单位：××××××第一工程局有限公司	建设单位：××市 SW 水库建设有限公司
监理单位：××××土木工程咨询有限公司	工程名称：××市 SW 水库右岸建筑及安装工程
建设单位代表或监理：宋×	检测性质：自检
材料名称：黏土	材料产地：SW 水库黏土新料场约 2.3 m 处
检测项目： 渗透试验	

表 3.2 材料试验委托单

合同编号：stsy2021—002		委托日期：2021 年 6 月 13 日
委托单位：××××××第一工程局有限公司		建设单位：××市 SW 水库建设有限公司
监理单位：××××土木工程咨询有限公司		工程名称：××市 SW 水库右岸建筑及安装工程
建设单位代表或监理：宋×		检测性质：自检
材料名称：坝壳料		材料产地：上游坝壳第三个固定断面（桩号 0＋300 高程 40.08 m）
检测项目： 渗透系数		

▶▶▶ 任务分析

土石坝又称当地材料坝，是最为普遍采用的一种坝型。在我国，土石坝数量占到总数的 93%。而土石坝出现工程质量问题，主要表现在坝体、坝基渗漏，坝坡变形和沉降。所以，对土石坝进行除险加固，关键是防渗。因此，了解水的渗透性，理解水在土中的渗透规律，掌握渗透系数的测定方法并能出具检测报告，分析各种渗漏原因并及时有针对性地进行防渗加固是非常必要的。

▶▶▶ 相关知识

土是一种松散的固体颗粒集合体，土体内具有相互连通的孔隙。在水头差作用下，水就会从水位高的一侧流向水位低的一侧。在水利工程建设中，土坝和水闸挡水后，上游的水就会通过坝体、坝基或闸基渗透到下游（图 3.1），这种现象就是水在土体中的渗流现象，而土允许水透过的性能称为土的渗透性。

渗流的运动形式可分为层流、紊流和混合流三种。层流是指水质点呈相互平行的流线运动，水流连续平稳；紊流是指各质点流线交错互不平行，质点跳跃，具有涡流性质；如果同时具有层流和紊流特征的即称为混合流。

动画：渗流现象

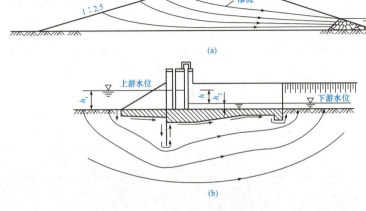

(a)

(b)

图 3.1 坝、闸渗透

(a) 土坝渗透；(b) 闸基渗透

1.1 达西定律

由于土体中的孔隙的形状和大小极不规则，因而水在其中的渗透是一种十分复杂的水流现象。人们用和真实水流属于同一流体的、充满整个含水层（包括全部的孔隙和土颗粒所占据的空间）的假想水流来代替在孔隙中流动的真实水流来研究水的渗透规律，这种假想水流具有以下性质：

（1）它通过任意断面的流量与真实水流通过同一断面的流量相等。

（2）它在某一断面上的水头应等于真实水流的水头。

（3）它在土体体积内所受到的阻力应等于真实水流所受到的阻力。

1856 年法国工程师达西（H. Darcy）利用图 3.2 所示的试验装置对均质砂土进行了大量的试验研究，得出了层流条件下的渗透规律：水在土中的渗透速度与试样两端面间的水头损失成正比，而与渗径长度成反比，即

$$V = \frac{q}{A} = ki = k\frac{\Delta h}{L} \tag{3.1}$$

其中 V——断面平均渗透流速（cm/s）；

  q——单位时间的渗出水量（cm^3/s）；

  A——垂直于渗流方向试样的截面面积（cm^2）；

  k——反映土的渗透性大小的比例常数，称为土的渗透系数（cm/s）；

  i——水力梯度或水力坡降，表示沿渗流方向单位长度上的水头损失，无量纲；

  Δh——试样上下两断面间的水头损失（cm）；

  L——渗径长度（cm）。

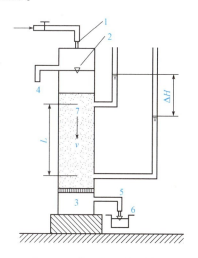

图 3.2 达西渗透试验装置

1—供水管；2—供水水位；3—滤水板；4—溢水管；

5—出水管；6—量杯；7—渗透土样

1.2　达西定律的适用条件

由式（3.1）可知，对于给定的砂土，其渗透速度与水头损失成正比，如图 3.3（a）所示，而与渗径长度成反比。但是，对于黏性很强的密实黏土中，不少学者的试验表明，这类土的渗透规律偏离达西定律，为不通过原点的曲线，这是由于密实的黏土所含的吸着水具有较大的黏滞阻力，因此只有水力坡降达到某一数值，克服了吸着水的黏滞阻力以后，才能发生渗透。将这一开始发生渗透时的水力坡降称为黏性土的起始水力坡降，以 i_b 表示；一些试验资料表明，黏性土不但存在起始水力坡降，而且当水力坡降超过起始水力坡降后，渗透速度与水力坡降的规律还偏离达西定律而呈非线性关系，如图 3.3（b）中的实线所示。但为了实用上的方便，常用图 3.3（b）中的虚直线来描述密实黏土的渗透速度与水力坡降的关系，并以下式表示：

$$V = k\ (i - i_b) \tag{3.2}$$

试验表明，在粗颗粒土中（如砾石、卵石等），只有在小的水力坡降下，此类土的渗透规律才符合达西定律，而在较大的水力坡降下，水在土中的流动即进入紊流状态，渗透速度与水力坡降不符合线性关系，如图 3.3（c）中的实线所示。

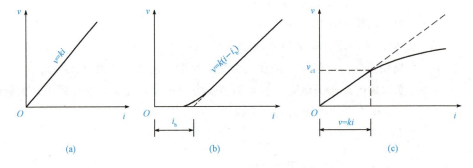

图 3.3　土的渗透速度与水力坡降的关系
（a）砂土；（b）密实黏土；（c）砾石

应该指出，渗透水流实际上只是通过土体中土粒之间的孔隙发生流动，而不是在土的整个截面流动，因此，达西定律中的渗透速度并非渗流在孔隙中的实际流速。由于实际过水截面小于土样截面，故实际渗透速度大于达西定律中的渗透速度。在工程中，如无特殊说明，两者近似认为相等。

1.3　渗透系数的测定

渗透系数是反映土的透水性能强弱的一个重要指标，常用它来计算堤坝和地基的渗流量，分析堤防和基坑开挖边坡出逸点的渗透稳定以及作为透水强弱的标准和选择坝体填筑土料的依据。渗透系数只能通过试验直接测定。试验可在试验室或现场进行。一般来说，现场试验比室内试验得到的结果要准确些。因此，对于重要工程常需进行现场测定。

试验室常用的方法有常水头法和变水头法。前者适用于粗粒土（砂质土）；后者适用于细粒土（黏质土和粉质土）。

1.3.1　常水头法

常水头法是在整个试验过程中，水头保持不变，其试验装置如图 3.2 所示。设试样的厚度即渗径长度为 L，截面面积为 A，试验时的水头差为 Δh，这三者在试验前可以直接量出或控制。试验中只要用量筒和秒表测出在某一时段 t 内流经试样的水量 Q，即可计算出该时段内，单位时间内通过土体的流量 q，将 q 代入达西公式 [式（3.1）]，即可得到土的渗透系数：

$$k=\frac{QL}{A\,\Delta h t} \tag{3.3}$$

式中　k——渗透系数；

Q——在某一时段 t 内流经试样的水量（$\mathrm{m^3}$）；

L——渗径长度（m）；

A——截面面积（$\mathrm{m^2}$）；

Δh——水头差（m）；

t——时间（s）。

1.3.2　变水头法

黏性土由于渗透系数很小，流经试样的水量很少，难以直接准确测量，因此采用变水头法。此法在整个试验过程中，水头是随着时间而变化的，其试验装置如图 3.4 所示。试样的一端与玻璃管相连，在试验过程中测出某一时段 t 内（$t=t_2-t_1$）细玻璃管中水位的变化，就可根据达西定律求出土的渗透系数。

$$k=2.3\frac{aL}{At}\log\frac{h_1}{h_2} \tag{3.4}$$

式中　a——细玻璃管内部的截面面积（$\mathrm{m^2}$）；

h_1、h_2——时刻 t_1、t_2 对应的水头差（m）。

试验时只需要测出某一时段 t 两端点对应的水位即可计算出渗透系数。

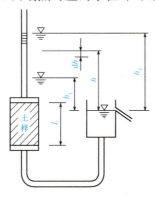

图 3.4　变水头试验装置

1.3.3 现场抽水试验

对于粗粒土或成层土，室内试验时不易取到原状土样，或者土样不能反映天然土层的层次或土颗粒排列情况，这时现场试验得到的渗透系数将比室内试验准确。具体的试验原理和方法参阅水文地质方面的有关书籍。

1.4 影响土的渗透性的因素

影响土体渗透性的因素很多，主要有土的粒度成分及矿物成分、土的结构构造和土中气体等。

1.4.1 土的粒度成分及矿物成分的影响

土的颗粒大小、形状与级配影响土中孔隙大小及其形状，因而影响土的渗透性。土粒越细、越浑圆、越均匀时，渗透性就越大。砂土中含有较多粉土或黏性土颗粒时，其渗透性就会大大降低。

土中含有亲水性较大的黏土矿物或有机质时，因为结合水膜厚度较厚，会阻塞土的孔隙，土的渗透性降低。因此，土的渗透性还与水中交换阳离子的性质有关系。

1.4.2 土的结构构造的影响

天然土层通常不是各向同性的，因此不同方向，土的渗透性也不同。如黄土具有竖向大孔隙，所以，竖向渗透系数要比水平向大得多。在黏性土中，如果夹有薄的粉砂层，它在水平方向的渗透系数要比竖向大得多。

1.4.3 土中气体的影响

当土孔隙存在密闭气泡时，会阻塞水的渗流，从而降低了土的渗透性。这种密闭气泡有时是由于溶解于水中的气体分离出来而形成的，故水的含气量也影响土的渗透性。

1.4.4 水的温度

水温对土的渗透性也有影响，水温越高，水的动力黏滞系数 η 越小，渗透系数 k 值越大，试验时某一温度下测定的渗透系数，应按下式换算为标准温度 20 ℃下的渗透系数。即

$$k_{20} = k_T \frac{\eta_T}{\eta_{20}} \tag{3.5}$$

式中　k_T、k_{20}——T ℃ 和 20 ℃时土的渗透系数；

　　　η_T、η_{20}——T ℃和 20 ℃时水的动力黏滞系数，见《土工试验方法标准》（GB/T 50123—2019）。

总之，对于粗粒土，影响土的渗透性的主要因素是颗粒大小、级配、密度、孔隙比及土中封闭气泡的存在；对于黏性土，则更为复杂。黏性土中所含矿物、有机质及黏土颗粒的形状、排列方式等，都影响其渗透性。

几种土的渗透系数变化范围见表 3.3。

表 3.3 不同土的渗透系数变化范围

土的类别	渗透系数 k		土的类别	渗透系数 k	
	m/d	cm/s		m/d	cm/s
黏土	<0.05	$<6\times10^{-6}$	细砂	$1.0\sim5$	$1\times10^{-3}\sim6\times10^{-3}$
粉质黏土	$0.05\sim0.1$	$6\times10^{-6}\sim1\times10^{-4}$	中砂	$5\sim20$	$6\times10^{-3}\sim2\times10^{-2}$
粉土	$0.1\sim0.25$	$1\times10^{-4}\sim3\times10^{-4}$	粗砂	$20\sim50$	$2\times10^{-2}\sim6\times10^{-2}$
黄土	$0.25\sim0.5$	$3\times10^{-4}\sim6\times10^{-4}$	圆砾	$50\sim100$	$6\times10^{-2}\sim1\times10^{-1}$
粉砂	$0.5\sim1.0$	$6\times10^{-4}\sim1\times10^{-3}$	卵石	$100\sim500$	$1\times10^{-1}\sim6\times10^{-1}$

1.5 层状地基渗透系数的确定

土是在漫长的地质年代中形成的，因此，天然形成的土往往是由渗透性不同的土层所组成的。对于与土层层面平行和垂直的简单渗流情况，当各土层的渗透系数和厚度已知时，可计算出整个土层与层面平行和垂直的平均渗透系数，作为进行渗流计算的依据。

1.5.1 与层面平行的渗流

图 3.5（a）是在渗流场中截取的渗径长度为 L 的一段与层面平行的渗流区域，各土层的水平向渗透系数分别为 k_1、k_2、$\cdots$、k_n，厚度分别为 H_1、H_2、$\cdots$、H_n，总厚度为 H，若通过各土层的渗流量分别为 q_{1x}、q_{2x}、$\cdots$、q_{nx}，则通过整个土层的总渗流量 Q_x 应为各土层流流量之和，即

$$Q_x = \sum_{i=1}^{n} q_{ix} \tag{3.6}$$

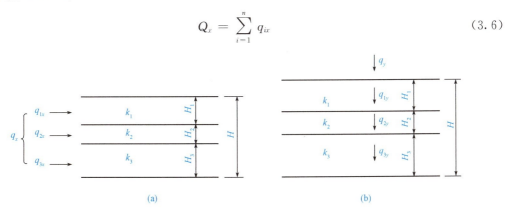

(a)   (b)

图 3.5 成层土渗流情况

（a）与层面平行的渗流；（b）与层面垂直的渗流

根据达西定律，总渗流量又可表示为

$$Q_x = k_x i H \tag{3.7}$$

式中 k_x——与层面平行的土层平均渗透系数；

　　　i——土层的平均水力坡降。

对于此种条件下的渗流，通过各土层相同距离的水头损失均相等。因此，各土层的水力坡降及整个土层的平均水力坡降也应相等。于是任一土层的渗流量为

$$q_{ix}=k_i i H_i \tag{3.8}$$

将式（3.7）、式（3.8）代入式（3.6）可得

$$k_x i H = \sum_{i=1}^{n} k_i i H_i \tag{3.9}$$

最后得到整个土层与层面平行的平均渗透系数为

$$k_x = \frac{1}{H} \sum_{i=1}^{n} k_i H_i \tag{3.10}$$

1.5.2　与层面垂直的渗流

对于与层面垂直的渗流，如图 3.5（b）所示，可用类似的方法求解。设通过各土层的渗流量为 q_{1z}、q_{2z}、$\cdots$、q_{nz}，根据水流连续定理，通过整个土层的总渗流量 Q_z 必等于通过各土层的渗流量，即

$$Q_z = q_{1z} = q_{2z} = \cdots = q_{nz} \tag{3.11}$$

设渗流通过任一土层的水头损失为 Δh_i，水力坡降 $i_i = \Delta h_i / H_i$，则通过整个土层的水头总损失 $h = \sum \Delta h_i$，总的平均水力坡降 $i = h/H$。由达西定律，通过整个土层的总渗流量为

$$Q_z = k_z \frac{h}{H} A \tag{3.12}$$

式中 k_z——与层面垂直的土层平均渗透系数；

　　　A——渗流截面面积。

通过任一土层的渗流量为

$$q_{iz} = k_i \frac{\Delta h_i}{H_i} A \tag{3.13}$$

将式（3.12）、式（3.13）代入式（3.11），消去 A 后得

$$k_z \frac{h}{H} = k_i i_i \tag{3.14}$$

而整个土层的水头损失又可表示为

$$h = \sum_{i=1}^{n} i_i H_i \tag{3.15}$$

将式（3.15）代入式（3.14）后整理，可得整个土层与层面垂直的平均渗透系数为

$$k_z = \frac{H}{\dfrac{H_i}{k_1} + \dfrac{H_2}{k_2} + \cdots + \dfrac{H_n}{k_n}} = \frac{H}{\sum\limits_{i=1}^{n} \left(\dfrac{H_i}{k_i} \right)} \tag{3.16}$$

对于成层土，如果各土层的厚度大致相近，而渗透性相差悬殊时，与层面平行的渗透系数 k_x 将取决于最透水土层的厚度和渗透性，并可近似地表示为

$$k_x = \frac{k' H'}{H} \tag{3.17}$$

式中 k'、H'——最透水土层的渗透系数和厚度。

而与层面垂直的平均渗透系数 k_z 将取决于最不透水土层的厚度和渗透性，并可近似地表示为

$$k_z = \frac{k''H}{H''} \tag{3.18}$$

式中 k''、H''——最不透水土层的渗透系数和厚度。

因此，成层土与层面平行的平均渗透系数 k_x 总是大于与层面垂直的平均渗透系数 k_z。

》》任务实施

检测任务 1.1 常水头渗透试验检测

视频：土的常水头
渗透试验

检测任务描述：渗透系数的测定方法可分为室内渗透试验和现场渗透试验两大类。室内渗透试验有常水头渗透试验和变水头渗透试验。常水头渗透试验适用于粗粒土，变水头渗透试验适用于细粒土；坝壳料属于粗粒土，用常水头渗透试验测定其渗透系数，以判断是否满足设计要求。

1. 试验目的

测定土的渗透系数，分析天然地基、坝基和基坑开挖边坡的渗流稳定，以确定土的渗透变形，为施工选料等提供指标和依据。

2. 试验方法

常水头渗透试验。

3. 仪器设备

（1）70 型渗透仪包括：封底金属圆筒（高 40 cm，直径 10 cm）；金属网格（放在距筒底 5～10 cm 处）；测压孔三个，其中心距为 10 cm，与筒壁连接处装有筛布；玻璃测压管（玻璃管内径为 0.6 cm 左右，用橡皮管和测压孔相连接，固定于一直立木板上，旁有毫米尺，作测记水头之用，三管的零点应齐平），如图 3.6 所示。

（2）天平：量程 5 000 g，分度值 1.0 g。

（3）温度计：分度值 0.5 ℃。

（4）其他：木锤、秒表、量筒等。

4. 操作步骤

（1）检查仪器设备。应先安装好仪器，并检查各管路接头处是否漏水，将调节管与供水管连通，由仪器底部充水至水位略高于金属孔板关止水夹。

（2）称土样，测含水率。称取具有代表性的风干试样 3～4 kg，量程精确至 1.0 g，并测定试样的风干含水率。

（3）分层装土样。试样分层装入金属圆筒，每层厚度为 2～3 cm，用木锤轻轻击实到一定厚度，以控制其孔隙比。试样含黏粒较多时，装试样前，应在金属圆孔板上加铺厚约 2 cm 的粗砂过渡层作为缓冲层，防止试验时细颗粒流失，并量出过渡层厚度。

（4）分层饱和。每层试样装好后，连接供水管和调节管，并由调节管中进水，微开止

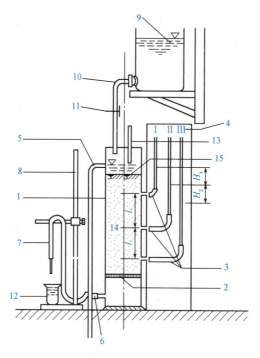

图 3.6 常水头渗透试验装置 (70 型)

1—封底金属圆筒；2—金属孔板；3—测压孔；4—玻璃测压管；5—溢水孔；6—渗水孔；7—调节管；8—滑动支架；
9—供水瓶；10—供水管；11—止水夹；12—容量为 500 mL 的量筒；13—温度计；14—试样；15—砾石层

水夹，使试样逐渐饱和，水流须缓慢。当水面与试样顶面齐平，关上止水夹，饱和时水流不应过急，以免冲动试样。

（5）按照上述规定逐层装试样直至试样高出上测压孔 3～4 cm 为止，在试样上部铺厚约 2 cm 砾石做缓冲层，待最后一层试样饱和后，继续使水位缓缓上升至溢水孔，当有水溢出时关止水夹。

（6）计算渗透试样质量。试样装好后测量试样顶部至仪器上口的剩余高度，计算试样净高，称剩余试样的质量，精确至 1.0 g，计算所装试样总质量。

（7）静置稳压、排气。静置数分钟后，检查各测压管水位是否与溢水孔齐平。不齐平时，说明试样中或测压管接头处有集气阻隔，用吸水球进行吸水排气处理。

（8）提高调节管，使其高于溢水孔，然后将调节管与供水管分开，并将供水管置于金属圆筒内。开止水夹，使水由上部注入金属圆筒。

（9）降低调节管口，使其位于试样上部 1/3 高度处，造成水位差使水渗入试样，经调节管流出。在渗透过程中应调节供水管夹，使供水管流量略多于溢出水量。溢水孔应始终有余水溢出，以保持常水位。

（10）测压管水位稳定后，记录测压管水位，计算各测压管间的水位差。

（11）开动秒表，同时用量筒接取经一定时间的渗透水量，并重复 1 次。接取渗透水量时，调节管口不得浸入水中。

（12）测记进水与出水处的水温，取平均值。

（13）降低调节管管口至试样中部及下部 1/3 处，以改变水力坡降，按第（9）～第（12）条规定重复进行测定。

（14）根据需要，可装数个不同孔隙比的试样，进行渗透系数的测定。

5. 试验记录

试验数据记录到表 3.4 中。

表 3.4　常水头渗透试验记录（70 型渗透仪）

委托日期		试验编号		试验者	
试验日期		流转号		校核者	
仪器设备					
试样说明					

试验次数	经过时间 t/s	测压管水位 /cm			水位差 /cm			水力坡降 J	渗透水量 Q/cm^3	渗透系数 $k_T/(cm \cdot s^{-1})$	平均水温/℃	校正系数 $\frac{n_T}{n_{20}}$	水温 20℃渗透系数 K_{20} /（cm·s^{-1}）	平均渗透系数 K_{20} /（cm·s^{-1}）	备注
		Ⅰ管	Ⅱ管	Ⅱ管	H_1	H_2	平均 H								

6. 成果整理

（1）按下式计算常水头渗透系数：

$$k_T = \frac{2QL}{A(H_1+H_2)}$$

$$k_{20} = k_T \frac{\eta_T}{\eta_{20}}$$

式中　k_T——水温 T℃时试样的渗透系数（cm/s）；

　　　Q——时间 t 秒时的渗透水量（cm³）；

　　　L——渗径（cm），等于两测压孔中心间的试样长度；

　　　A——试样断面面积（cm²）；

　　　t——时间（s）；

　　　H_1、H_2——水位差（cm）；

　　　k_{20}——标准温度 20℃时试样的渗透系数（cm/s）；

　　　η_T——T℃时水的动力黏滞系数（1×10^{-6} kPa·s）；

　　　η_{20}——20℃时水的动力黏滞系数（1×10^{-6} kPa·s）。

比值 η_T/η_{20} 与温度的关系可由表3.5查得。

表3.5 水的动力滞系数、黏滞系数比、温度校正值

温度/℃	动力黏滞系数 η / ($\times 10^{-6}$ kPa·s)	$\dfrac{\eta_T}{\eta_{20}}$	温度校正值 T_p	温度/℃	动力黏滞系数 η / ($\times 10^{-6}$ kPa·s)	$\dfrac{\eta_T}{\eta_{20}}$	温度校正值 T_p
5.0	1.516	1.501	1.17	17.5	1.074	1.066	1.66
5.5	1.498	1.478	1.19	18.0	1.061	1.050	1.68
6.0	1.470	1.455	1.21	18.5	1.048	1.038	1.70
6.5	1.449	1.435	1.23	19.0	1.035	1.025	1.72
7.0	1.428	1.414	1.25	19.5	1.022	1.012	1.74
7.5	1.407	1.393	1.27	20.0	1.010	1.000	1.76
8.0	1.387	1.373	1.28	20.5	0.998	0.988	1.78
8.5	1.367	1.353	1.30	21.0	0.986	0.976	1.80
9.0	1.347	1.334	1.32	21.5	0.974	0.964	1.83
9.5	1.328	1.315	1.34	22.0	0.968	0.958	1.85
10.0	1.310	1.297	1.36	22.5	0.952	0.943	1.87
10.5	1.292	1.279	1.38	23.0	0.941	0.932	1.89
11.0	1.274	1.261	1.40	24.0	0.919	0.910	1.94
11.5	1.256	1.243	1.42	25.0	0.899	0.890	1.98
12.0	1.239	1.227	1.44	26.0	0.879	0.870	2.03
12.5	1.223	1.211	1.46	27.0	0.859	0.850	2.07
13.0	1.206	1.194	1.48	28.0	0.841	0.833	2.12
13.5	1.188	1.176	1.50	29.0	0.823	0.815	2.16
14.0	1.175	1.168	1.52	30.0	0.806	0.798	2.21
14.5	1.160	1.148	1.54	31.0	0.789	0.781	2.25
15.0	1.144	1.133	1.56	32.0	0.773	0.765	2.30
15.5	1.130	1.119	1.58	33.0	0.757	0.750	2.34
16.0	1.115	1.104	1.60	34.0	0.742	0.735	2.39
16.5	1.101	1.090	1.62	35.0	0.727	0.720	2.43
17.0	1.088	1.077	1.64				

（2）在计算所得到的渗透系数中，取3～4个在允许范围内的数据，并计算其平均值，作为试样在该孔隙比 e 下的渗透系数，渗透系数的允许值不大于 2×10^{-n} cm/s。

（3）当进行不同孔隙比下的渗透试验时，可在半对数坐标上绘制以孔隙比为纵坐标，

渗透系数的对数为横坐标的孔隙比与渗透系数的关系曲线图。

检测任务 1.2　变水头渗透试验检测

检测任务描述： 渗透系数的测定方法分为室内渗透试验和现场渗透试验两大类。室内渗透试验有常水头渗透试验和变水头渗透试验，常水头渗透试验适用于粗粒土，变水头渗透试验适用于细粒土。心墙作为土石坝的防渗结构，所用材料为黏性土，需用变水头渗透试验测定其渗透系数，以判断其渗透系数是否满足设计要求。

1. 试验目的

测定土的渗透系数，分析心墙等防渗结构及所选料场土料的渗透系数，为施工选料等提供指标和依据，也可判断其施工质量。

2. 试验方法

采用变水头渗透试验。

3. 仪器设备

（1）南 55 型试验装置：渗透容器由环刀、透水板、套筒及上下盖组成。

（2）水头装置：由变水头管、供水瓶、进水管等组成，变水头管的内径，根据试样渗透系数选择不同尺寸，长度为 1.0 m 以上，分度值为 1.0 mm，如图 3.7 所示。

（3）真空抽气装置。

（4）其他：玻璃烧杯、秒表、温度计、凡士林等。

图 3.7　变水头渗透试验装置（南 55 型）

1—变水头管；2—渗透容器；3—供水瓶；
4—接水源管；5—进水管夹；6—排气管；7—出水管

4. 操作步骤

（1）制备试样，并饱和。

1）原状土：将环刀在垂直或平行土样层面切取原状试样，并进行充分饱和。切土时，应尽量避免结构扰动，不得用削土刀反复涂抹试样表面。

2）扰动土：根据给定密度，计算出所需土样质量，压入环刀，制备成给定密度的试样。

（2）装试样。将容器套筒内壁涂一薄层凡士林，将盛有试样的环刀推入套筒，并压入止水垫圈。把挤出的多余的凡士林小心刮净。装好带有透水板的上下盖，并用螺栓拧紧，不得漏气、漏水。

（3）充水排气。把装好试样的渗透容器与水头装置连通。利用供水瓶中的水充满进水管，水头高度根据试样结构的疏松程度确定，不应大于 2 m，待水头稳定后注入渗透容器。开排气阀，将容器侧立，排除渗透容器底部的空气，直至溢出水中无气泡。关闭气阀，放平渗透容器。

（4）稳定。在一定水头作用下静止一段时间，待出水管口有水溢出时，再开始进行试验测定。

（5）测水温，读数。将水头管充水至需要高度后，关止水夹，开始测记变水头管中起始水头高度和起始时间，按预定时间间隔测记水头和时间的变化，并测记出水口的水温，如此连续测记 2~3 次后，再使水头管水位回升至需要的高度，再连续测记数次。重复试验 5~6 次以上。

5. 试验记录

试验数据记录到表 3.6 中。

表 3.6　变水头渗透试验记录（南 55 型渗透仪）

委托日期		试验编号		试验者	
试验日期		流转号		校核者	
仪器设备					
试样说明					

开始时间 t_1 /(d h min)	终了时间 t_2 /(d h min)	经过时间 t /s	开始水头 h_1/cm	终了水头 h_1/cm	$2.3\dfrac{a}{A}\dfrac{L}{t}$	$\lg\dfrac{h_1}{h_2}$	水温 T℃时的渗透系数 K_T /(cm·s^{-1})	水温 /℃	校正系数 $\dfrac{\eta_T}{\eta_{20}}$	渗透系数 K_{20} /(cm·s^{-1})	平均渗透系数 K_{20} /(cm·s^{-1})
(1)	(2)	(3)	(4)	(5)	(6)	(7)	(8)	(9)	(10)	(11)	(12)

6. 成果整理

（1）按下式计算试样的渗透系数：

$$k_T = 2.3\frac{aL}{A\ (t_1-t_2)}\lg\frac{h_1}{h_2}$$

式中　k_T——水温 T℃时试样的渗透系数（cm/s）；

L——渗径，为试样长度（cm）；

A——试样断面面积（cm^2）；

a——变水头管断面面积（cm^2）；

h_1——开始时水头（cm）；

h_2——终止时水头（cm）；

t_1——起始时间（s）；

t_2——结束时间（s）；

2.3——ln 和 lg 的换算系数。

$$k_{20} = k_T \frac{\eta_T}{\eta_{20}}$$

式中　k_{20}、k_T——20 ℃和 T ℃时土的渗透系数（cm/s）；

　　　η_T、η_{20}——T ℃和 20 ℃时水的动力黏滞系数比，查表 3.5。

（2）在计算所得到的渗透系数中，取 3～4 个在允许范围内的数据，并计算其平均值，作为试样在该孔隙比 e 下的渗透系数，渗透系数的允许值不大于 2×10^{-n} cm/s。

（3）当进行不同孔隙比下的渗透试验时，可在半对数坐标上绘制以孔隙比为纵坐标，渗透系数的对数为横坐标的孔隙比与渗透系数的关系曲线图。

7. 成绩评价

试验中，依据表 3.7 中的考核点和评价标准进行成绩评价。

表 3.7　变水头渗透试验（南 55 型渗透仪）成绩评价表

项目	序号	考核点	评价标准	扣分点	得分
试验操作	1	制备试样并饱和（20 分）	试样未饱和，扣 10 分；制备试样时削土刀反复涂抹试样表面，扣 10 分		
	2	装试样（20 分）	容器套筒内壁未涂凡士林，扣 10 分；容器螺栓未拧紧，漏气、漏水，扣 10 分		
	3	充水排气：开排气阀，将容器侧立，排除渗透容器底部的空气，直至溢出水中无气泡。关闭气阀，放平渗透容器（20 分）	排气时没有将容器侧立，扣 10 分；渗透容器底部的空气未排净，扣 10 分		
	4	测水温，读数：将水头管充水至需要高度后，关止水夹，开始测记变水头管中起始水头高度和起始时间，按预定时间间隔测记水头和时间的变化，并测记出水口的水温，如此连续测记 2～3 次后，再使水头管水位回升至需要的高度，连续测记数次。重复试验 5～6 次以上（20 分）	测记水头和时间的变化，并在试验表格中及时记录，未及时记录扣 10 分；未及时测记出水口的水温，扣 10 分		

项目	序号	考核点	评价标准	扣分点	得分
数据处理	1	计算试样渗透系数（5分）	计算错误，扣5分		
	2	计算标准温度20 ℃时试样的渗透系数 k_{20}（5分）	计算错误，扣5分		
劳动素养	1	试验结束仪器设备的整理（4分）	未关闭设备的，每个扣2分，共4分，扣完为止		
	2	试验操作台及地面清理（6分）	清理不干净，每处扣3分，共6分，扣完为止		
总分		权重		最终得分	

土的渗透试验报告如图3.8所示。

2022060107K

土的渗透报告

委托单位：××建筑工程有限公司

工程名称：××市 SW 水库建筑及安装工程

建设单位：××市 SW 水库建设有限公司

监理单位：××建筑工程咨询有限公司

施工单位：××建筑工程有限公司

委托人：×××　　　　　　　　　　　材料名称：—

检测性质：施工自检　　　　　　　　　材料产地：—

试验依据：《土工试验方法标准》（GB/T 50123—2019）　　见证人员：×××

试验结果

样品编号	2022—TG—LG07—0034—ST—001		试样截面面积/cm²		29.61	试样高度/cm	4
试验仪器	南55型渗透仪	试验方法	变水头法	侧压管断面面积/cm²		0.3	
开始水头/cm	终了水头/cm	校正系数 η_T/η_m	渗透系数 $k_m/$（cm·s⁻¹）		平均渗透系数 $k_m/$（cm·s⁻¹）		
150	140	1.090	$4.75×10^{-5}$				
140	130	1.090	$4.83×10^{-5}$				
130	120	1.090	$5.36×10^{-5}$		$4.90×10^{-5}$		
150	140	1.090	$4.59×10^{-5}$				
140	130	1.090	$4.76×10^{-5}$				
130	120	1.090	$5.11×10^{-5}$				
注意事项	1. 检验检测报告无"CMA"及"检验检测专用章"无效。 2. 此报告涂改无效，复制未重新加盖"CMA"及"检验检测专用章"无效						

检测单位（检测专用章）：　　　　批准：　　　　审核：　　　　主检：

图 3.8　土的渗透试验报告

1. 简答题

（1）渗透试验为什么要测量试验用水的温度？为什么要将 T ℃时的渗透系数换算成 20 ℃标准温度下渗透系数？

（2）水在土中的渗透规律是什么？影响土的渗透因素有哪些？

（3）渗透系数测定的方法有哪些？试出具渗透试验检测报告。

2. 计算题

（1）变水头渗透试验的黏土试样的截面面积 A 为 30 cm²，厚度为 4 cm，渗透仪细玻璃管的内径为 0.4 cm，试验开始时的水头差为 165 cm，过 5 min 25 s 观察得水头差为 150 cm，试验时的水温为 20 ℃，试计算试样的渗透系数。

（2）有一土层的纵剖面如图 3.9 所示，其垂直向渗透系数标于剖面图上，计算该土层垂直向的平均渗透系数。若图上所标数据为水平向渗透系数，试计算该土层水平向平均渗透系数，比较所得出的渗透系数。

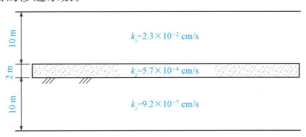

图 3.9　土层的剖面图

3. 实训题

2003 年 7 月，上海发生地铁事故。施工中的上海轨道交通 4 号线（浦东南路至南浦大桥）区间隧道浦西联络通道发生渗水，随后出现大量流砂涌入，引起地面大幅沉降。地面建筑物中山南路 847 号八层楼房发生倾斜，其主楼裙房部分倒塌。

2004 年 1 月 21 日农历除夕，位于新疆生产建设兵团的八一水库发生了管涌事故。管涌直径超过 8 m，估计流量 80 m³/s 左右，事故受灾人口接近 2 万人。

在 1998 年的大洪水中，长江大堤多处出现险情，也是渗流造成的。因此，工程中必须研究土的渗透性及渗流的运动规律，为工程的设计、施工提供必要的资料和依据。根据我国和其他国家的调查资料表明，由于渗流冲刷破坏失事的土坝高达 40%，而与渗流密切相关的滑坡破坏也占 15% 左右，由此可见，渗流对建筑物的影响作用很大。

依据材料:

(1) 渗流会引起哪两个方面的问题?用本项目中所学的知识进行分析。

(2) 管涌属于哪种渗透问题?

任务2   土的渗透变形判断及防治

>> 任务提出

  1984 年建成的 WLB 水库位于 WLMQ 河上游 10 km 处,控制流域面积 2 596 km²,总库容 5×10^7 m³,大坝为土石坝,由主坝和副坝组成,主坝又分长度为 92 m 的黏土心墙砂砾石坝及长度为 438 m 的黏土斜墙砂砾石坝,副坝长度为 490 m 的壤土砂砾石混合均质坝。水库主要任务是解决 WLMQ 市工农业及人民生活用水。同时,调节 WLMQ 河洪峰流量,确保城市防洪安全。主坝右岸的黏土心墙坐落在基岩上,而基岩的风化深度为 1.5~1.8 m,岩石本身坚硬、完整,裂隙发育细微,多为闭合裂隙,岩石吸水率为 0.8~0.01 L/(min·m·m),主坝段坝基覆盖层为第四纪现状河床部位的松散砾石层,沿坝轴线分布厚度为 12~31 m,古河床面高程为 1 062 m,在高程 1 052 m 以上是以砾石、卵石为主,卵石平均含量为 49.2%,砾石为 19.7%,无黏土含量。特别是表层卵石、砾石之间形成较大孔隙,最大 3~4 cm,一般在 1 cm 左右,形成渗漏通道,其渗透系数达 567 m/d;在高程 1 052 m 以下,则颗粒级配较好,并多含细颗粒成分,其渗透系数为 20~120 m/d,上下层没有明显的界线,均为同一成因类型的强透水层。副坝坝基位于左岸洪积冲积阶地上,其岩性可分为砂粒石层和砂质壤土两种。其分布厚度为 50~150 m。砂砾石含黏土量较多,但以砂砾石为主,卵石量少。砂质壤土在副坝坝基 3~5 m 深处,即高程 1 037 m 以上,多含易溶盐和石膏类。地下水埋藏较浅,在洪积倾斜平原边缘地带均有泉水出露,其高程各有差异。地下水在坝下游出露,有可能引起机械管涌,其渗透系数为 44 m/d。由于坝基基础是强透水层,且基础的防渗设施设计不当,产生渗漏。于 1985 年春副坝下游发生 5 处管涌,最大处为 2.65 L/s,总渗流量也增大,达到 769 L/s。对于 WLB 水库的坝基渗漏问题,在加固大坝时,对右坝段坝基采取了水泥帷幕灌浆,虽对渗漏稳定有了一定的改善,但未彻底解决渗漏问题。后来,又采取对坝基进行混凝土防渗墙全截方案,采取坝后排水,很好地解决了主坝段及右坝段的渗流问题。

1. 土石坝发生渗透变形破坏是由于土骨架中存在着何种力量？它的大小和方向如何判断？

2. 指出本项目中渗透变形的防治措施有哪些？

土石坝渗漏可分为坝体渗漏和坝基渗漏，渗漏或多或少会导致渗透变形的发生，土石坝设计或除险加固都需要了解渗透变形的原因，理解渗透变形的基本形式及各自的变形特征，能够用临界水利坡降判断流土破坏的状态，掌握渗透变形的防治措施，降低渗透变形的危害。

水在土体中的渗流将引起土体内部应力状态的变化，从而改变水工建筑物地基或土坝的稳定条件。因此，对于水工建筑物来讲，如何确保在有渗流作用时的稳定性是一个非常重要的课题。

渗流所引起的稳定问题一般可归结为两类：一类是土体的局部稳定问题。这是由于渗透水流将土体中的细颗粒冲出、带走或局部土体产生移动，导致土体变形而引起的。因此，这类问题常称为渗透变形问题。此类问题如不及时加以纠正，同样会酿成整个建筑物的破坏。另一类是整体稳定问题。这是在渗流作用下，整个土体发生滑动或坍塌。土坝（堤）在水位降落时引起的滑动、雨后的山体滑坡、泥石流是这类破坏的典型事例。

2.1 渗透力

由前面的渗流试验可知，水在土体中流动时，会引起水头损失。这表明水在土中流动会引起能量的损失，这是由于水在土体孔隙中流动时，力图带动土颗粒而引起的能量消耗。根据作用力与反作用力，土颗粒阻碍水流流动，给水流以作用力，那么水流也必然给土颗粒以某种拖曳力，我们将渗透水流施加于单位土体内土粒上的拖曳力称为渗透力。

为了验证渗透力的存在，先观察以下现象：图 3.9 中圆筒形容器的滤网上装有均匀的砂土，其厚度为 L，面积为 A，土样两端各安装一测压管，其测压管水头相对 0—0 基准面分别为 h_1、h_2。当 $h_1 = h_2$，即当左边的贮水器如图 3.10 中实线所示时，土中的水处于静止状态，无渗流发生。若将左边的贮水器逐渐提升，使 $h_1 > h_2$，则由于水头差的存在，土中将产生向上的渗流。当贮水器提升到某一高度时，可以看到砂面出现沸腾的现象，这种现象称为流土。上述现象的发生，说明水在土体孔隙中流动时，确有促使土粒沿水流方向移动的拖曳力存在，这就是渗透力，以符号 j 表示。当两测压管的水面高差为 Δh，它表示水从进口面流过 L 厚度的土样到流出水面时，必须克服整个土样内土粒骨架对水流的阻力。若以消耗的水头损失 Δh 表示其阻力，于是土粒骨架对水流的阻力 $F = \gamma_w \Delta h A$。

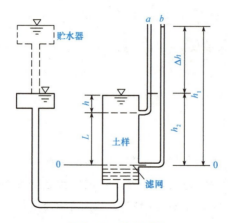

图 3.10　流土试验

由于土中渗流速度一般极小，流动水体的惯性力可以忽略不计，此时根据土粒骨架受力的平衡条件，渗流作用于土样的总渗透力 J 应和土样中土粒骨架对水流的阻力 F 大小相等而方向相反，即 $J = F = \gamma_w \Delta h A$，而渗流作用于土骨架上单位体积的力，即渗透力为

$$j = \frac{J}{V} = \frac{\gamma_w \Delta h A}{AL} = \gamma_w \frac{\Delta h}{L} = \gamma_w i \qquad (3.19)$$

从式（3.19）可知，渗透力的大小与水力坡降成正比，其作用方向与渗流（或流线）方向一致，是一种体积力，常以 kN/m^3 计。

从上述分析可知，在有渗流的情况下，由于渗透力的存在，将使土体内部受力情况（包括大小和方向）发生变化。一般来说，这种变化对土体的整体稳定是不利的。但是，对于渗流中的具体部位应做具体分析。由于渗透力的方向与渗流作用方向一致，它对土体的稳定性有很大的影响。

图 3.11 表示渗流对闸基的作用。在渗流进口处 A 点，渗流自上而下，与土重方向一致，渗透力起增大重量作用，对土体稳定有利。在渗透近似水平的 B 点，渗透力与土的重力方向正交，使土粒产生向下游动趋势，对土体稳定不太有利，在渗流的出逸点 C，渗流方向自下而上，与土重方向相反。渗透力起减轻土的有效重力的作用，土体极可能失去稳定，发生渗透破坏，这就是引起渗透变形的根本原因。渗透力越大，渗流对土体稳定性的影响就越大。因此，在闸坝地基、土坝和基坑开挖等稳定分析过程中，必须考虑渗透力的影响。

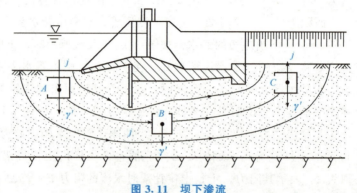

图 3.11　坝下渗流

2.2 渗透变形破坏形式

从前面对渗流的分析可知，地基或某些结构物（如土坝等）的土体中发生渗流后，土中的应力状态将发生变化，建筑物的稳定条件也将发生变化。由渗流作用而引起的变形破坏形式，根据土的颗粒级配和特性、水力条件、水流方向和地质情况等因素，通常有流土、管涌、接触流失和接触冲刷四种形式。流土和管涌发生在同一土层中，接触流失和接触冲刷发生在成层土中。

微课：流土和管涌的临界水力坡降

2.2.1 流土

在正常情况下，土体中各个颗粒之间都是相互紧密结合的，并具有较强的制约力。但在向上渗流作用下，局部土体表面会隆起或颗粒群同时发生移动而流失，这种现象称为流土。它主要发生在地基或土坝下游渗流逸出处而不发生于土体内部。基坑或渠道开挖时所出现的流砂现象是流土的一种常见形式。流土常发生在颗粒级配均匀的细砂、粉砂和粉土等土层中，在饱和的低塑性黏性土中，当受到扰动时，也会发生流土。

动画：流土

由流土的定义可知，流土多发生在向上的渗流情况下，而此时渗透力的方向与渗流方向一致，如图 3.9 所示。由受力分析可知，一旦 $j > \gamma'$，流土就会发生。而 $j = \gamma'$，土体处于流土的临界状态，此时的水力坡降定义为临界水力坡降，以 i_{cr} 表示。

竖直向上的渗透力 $j = \gamma_w i$，单位土体本身的有效重度 $\gamma' = \gamma_{sat} - \gamma_w$，当土体处于临界状态时，$j = \gamma'$，则由以上条件得

$$i_{cr} = \frac{\gamma'}{\gamma_w} = \frac{\gamma_{sat} - \gamma_w}{\gamma_w} = \frac{\gamma_{sat}}{\gamma_w} - 1 \qquad (3.20)$$

根据土的物理性质指标的关系，式（3.20）可表达为

$$i_{cr} = (G_s - 1)(1 - n) \qquad (3.21)$$

流土一般发生在渗流的逸出处，因此，只要将渗流逸出处的水力坡降，即逸出坡降 i 求出，就可判别流土的可能性：当 $i < i_{cr}$ 时，则土处于稳定状态；当 $i = i_{cr}$ 时，则土处于临界状态；当 $i > i_{cr}$ 时，则土处于流土状态。在设计时，为保证建筑物的安全，通常将逸出坡降限制在容许坡降 $[i]$ 之内，即

$$i < [i] = \frac{i_{cr}}{F_s} \qquad (3.22)$$

式中　F_s——安全系数，常取 $1.5 \sim 2.0$；对水工建筑物的危害较大，取 2.0；对于特别重要的工程，也可取 2.5。

2.2.2 管涌

在渗流力的作用下，土中的细颗粒在粗颗粒形成的孔隙中被移去并被带出，在土体内形成贯通的渗流管道，这种现象称为管涌，如图 3.12 所示。开始土体中的细颗粒沿渗流方

向移动并不断流失，继而较粗颗粒发生移动，从而在土体内部形成管状通道，带走大量砂粒，最后堤坝被破坏。管涌发生的部位可以在渗流逸出处，也可以在土体内部。它主要发生在砂砾中，必须具备两个条件：一个是几何条件，土中粗颗粒所形成的孔隙必须大于细颗粒的直径，一般不均匀系数 $C_u > 10$ 的土才会发生管涌，这是必要条件；另一个条件是水力条件，渗流力大到能够带动细颗粒在粗颗粒形成的孔隙中运动，可用管涌的临界水力坡降来表示，它标志着土体中的细粒开始流失，表明水工建筑物或地基某处出现了薄弱环节。

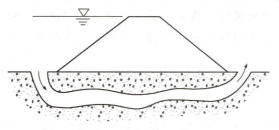

动画：管涌

图 3.12　通过坝基的管涌

南京水科院在总结国内外试验研究的基础上，应用作用在单个颗粒上的渗透力与颗粒在水中自重相平衡的原理，得到了发生管涌的临界坡降计算公式为

$$i_{cr} = \frac{42 d_3}{\sqrt{\dfrac{k}{n^3}}} \tag{3.23}$$

式中　　k——土的渗透系数（cm/s）；

　　　　d_3——占总土质量 3% 的土粒粒径（mm）；

　　　　n——土的孔隙率（%）。

2.2.3　接触流失

渗流垂直于渗透系数相差较大的两层土的接触面流动时，把其中一层的颗粒带出，并通过另一层土孔隙冲走的现象，称为接触流失。例如，土石坝黏性土的防渗体与保护层的接触面上发生黏性土的湿化崩解、剥离，从而在渗流作用下通过保护层的较大孔隙而发生接触流失。这是因为保护层的粒径与防渗体层的粒径相差悬殊，保护层的粒径很粗，则与防渗体土层接触处必然有相当大的孔径，孔隙下的土层不受压重作用，渗流进入这种孔隙时，剩余水头就会全部消失。于是，在接触面上水力坡度加大，其结果就造成渗流破坏——接触流失。所以，土坝防渗体的土料、反滤层的土料及坝壳的土料质量都必须满足工程技术要求。

《水力发电工程地质勘察规范》（GB 50287—2016）中给出了不发生接触流失的两种判别方法：

（1）不均匀系数小于等于 5 的土层，满足 $\dfrac{D_{15}}{d_{85}} \leqslant 5$。

（2）不均匀系数小于等于 10 的土层，满足 $\dfrac{D_{20}}{d_{70}} \leqslant 7$。

式中　　d_{85}、d_{70}——较细层土中小于该粒径的土质量占总土质量的 85%、70% 的颗粒粒径；

　　　　D_{15}、D_{20}——较粗层土中小于该粒径的土质量占总土质量的 15%、20% 的颗粒粒径。

2.2.4 接触冲刷

渗流沿着两种不同介质的接触面流动时,将其中颗粒层的细粒带走,这种现象称为接触冲刷。这里所指接触面,其方向是任意的。

接触冲刷现象常发生在闸坝地下轮廓线与地基土的接触面上,管道与周围介质的接触面或刚性与柔性介质的界面上。

《水力发电工程地质勘察规范》(GB 50287—2016)规定,对双层结构的地基,当两层土的不均匀系数小于等于 10 且满足 $D_{20}/d_{20} \leqslant 10$ 时(其中,D_{20}、d_{20} 分别代表较粗和较细层土中小于该粒径的质量占土的总质量的 20% 的颗粒粒径),不会发生接触冲刷。

由以上分析可知,渗流破坏与土本身的颗粒组成、孔隙比、孔隙大小的差异性、土的级配等物理性质有关,这是内因;外因是水力坡降,所以防止渗流破坏应从这两个方面入手。具体到实际可采取的工程措施是防渗与排渗。防渗的措施是填筑防渗体以截断渗透水流或减少渗流水量,可以在土坝或堤防中设心墙、截水墙、灌浆帷幕等垂直防渗体,或在上游铺设黏土、钢筋混凝土、沥青混凝土面板或土工合成材料等水平防渗体,从源头上防止渗流的发生。在已经发生渗流的情况下,则要采取排渗措施以疏导水流,使渗流压力提前释放,并通过排水体自由地排出,防止渗透破坏的发生,保证建筑物的安全。

2.3 渗透变形的防治措施

引起土体产生渗透变形的原因很多,如土的类别、颗粒组成、密度、水流条件等。根据渗透变形的机理可知,土体发生渗透破坏的原因有两个方面:一是渗流特征,即上下游水位差形成的水力坡降;二是土的类别及组成特性,即土的性质及颗粒级配。故防治渗透变形的工程措施基本归结为两类:一类是延长渗径,减小下游逸出处水力坡降,降低渗透力;另一类是增强渗流逸出处土体抗渗能力。

微课:渗透变形的
基本形式及防治

2.3.1 水工建筑物防渗措施

(1)设置垂直防渗体延长渗径。如截水槽(图 3.13)、混凝土防渗墙(图 3.14)、板桩和帷幕灌浆,以及新发展的防渗技术,如高压定向喷射灌浆、倒挂井防渗墙等。

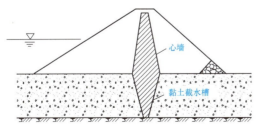

图 3.13 心墙坝的黏土截水槽

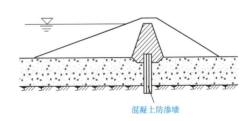

图 3.14 心墙坝混凝土防渗墙

（2）上游设置水平黏土铺盖或铺设土工合成材料，与坝体的防渗体相连，以延长渗径，降低水力坡降（图3.15）。

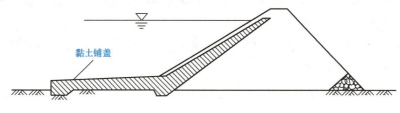

图 3.15　水平黏土铺盖

（3）下游设置反滤层、盖重。用以滤土排水，使渗流逸出，又防止细小颗粒被带走（图3.16）。

（4）设置减压设备。采用排水沟或减压井切入下面不透水层中，以减小渗透力，提高抗渗能力。

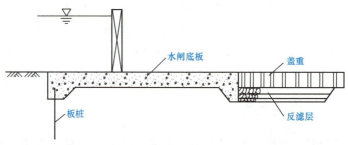

图 3.16　水闸防渗

2.3.2　基坑开挖防渗措施

在地下水水位以下开挖基坑时，若采用明式排水开挖，坑内外造成水位差，则基坑底部的地下水将向上渗流，地基中产生向上的渗透力。当渗透水力坡降大于临界水力坡降时，基坑流砂翻涌，出现流砂现象，不仅给施工带来很大的困难，甚至影响临时建筑物的安全。所以，开挖基坑时，要防止流砂的发生。其主要措施如下：

（1）井点排水法。即先在基坑范围以外设置井点降低地下水水位后再开挖，减小或消除基坑内外的水位差，达到降低水力坡降的目的。

（2）设置板桩，可增加渗透路径，减小水力坡降。板桩岩坑壁打入，其深度要超过坑底，使受保护土体内的水力坡降小于临界水力坡降，同时还可以起到加固坑壁的作用。

（3）采用水下挖掘或枯水期开挖，也可进行土层加固处理，如冻结法、注浆法等。

》》训练与提升

1. 简答题

（1）渗透变形破坏的形式有哪几种？发生流土破坏的判别方法是什么？

（2）渗透变形的防治机理是什么？防治措施有哪些？水平防渗和垂直防渗哪种更有效？

2. 计算题

在图 3.7 中，已知水头差为 15 cm，试样长度为 30 cm，试计算试样所受的渗透力是多少？若已知试样的 $G_s = 2.75$，$e = 0.63$，试问该试样是否会发生流土现象？

3. 实训题

××水库建成蓄水后不久，河床段下游坝脚外出现大量明流，坝身局部处出现过塌坑、沉陷等险情。1960 年汛期，河床段出现 5 处渗水，1961 年进行了导渗处理，次年渗漏量又有所增大，重新进行了导渗处理，其后在 1963 年与 1972 年又有针对性地对新渗漏位置采取了反滤、导渗工程措施，但仍然不能从根本上解决大坝的正常运行安全问题。2001 年 5 月，水库大坝经安全鉴定，核准为三类水库大坝。主要存在以下问题：第一，坝基渗漏严重，不能满足大坝的正常运行与防汛要求。第二，主河床段坝脚处反滤排水棱体存在细粒淘蚀和塌陷现象，其余坝段坝脚反滤排水设施差。坝基的渗透变形形式多种多样，在渗透力的作用下，土体中的细颗粒（填料粒）沿着土体骨架颗粒间的孔道移动或被带出土体，形成管涌现象，它通常发生在砂类与砂砾石地层中。产生的原因是，随着汛期水位的升高，下游坝壳的渗透出逸比降增大，一旦超过其抗渗临界比降，就会产生渗透变形问题。沙河水库大坝各类岩土体差异明显，坝基因砂砾含量极高，均具有管涌式渗漏特征。

从各岩土层离地表埋深情况分析，大坝目前潜在的主要渗透变形形式有两种：第一种是坝体填筑土直接坐落在中粗砂层上，其中粗砂具有强透水特性，库水长期通过坝基向下游入渗，与坝基接合部位的填土易被水流冲刷，极易导致接触冲刷破坏，表明坝基接合部位存在接触冲刷破坏隐患。第二种是在坝脚至坝脚以外几十米的范围内，由于沙河水库地处沙带复杂区，地表覆盖为耕植土与第四系全新统冲洪积粉质黏土，局部位置较薄，而中粗砂层的渗透系数一般为 $10^{-2} \sim 10^{-1}$ cm/s，当地下水压力增大时也极易产生渗透变形，并形成管涌通道，危及大坝的安全。依据材料：

（1）管涌发生的土层、部位、变形特性是什么？

（2）案例中采用哪种防渗措施更有效？

项目4　土的变形检测

知识目标

　　理解土的压缩性，掌握固结试验操作及处理、土的压缩性的判定、单一土层沉降量的计算。

能力目标

　　能够进行固结试验操作及处理、土的压缩性的判定、单一土层沉降量的计算。

素质目标

　　培养吃苦耐劳、团结协作的精神，踏踏实实的工作作风。

任务1　土中应力计算

任务提出

　　××厂房柱下单独方形基础，底面尺寸为 4 m×4 m，天然地面下基础埋深为 1 m，通过分析计算上部所受中心荷载 F 为 1 440 kN，根据工程地质勘察资料，地下水水位埋深为 3.4 m，地基为粉质黏土，土的天然重度为 16.0 kN/m³，饱和重度为 17.2 kN/m³。需要确定厂房柱下单独方形基础最终沉降是多少？

任务布置

　　(1) 确定柱下单独方形基础自重应力的分布状态。
　　(2) 确定柱下单独方形基础的基底压力。
　　(3) 确定柱下单独方形基础附加应力的分布状态。

任务分析

　　建（构）筑物的建造使地基土中原有的应力状态发生了变化，地基受荷后产生应力和变形，给建（构）筑物带来两个工程问题，即土体稳定问题和变形问题。如果地基应力变化引起的变形量在建（构）筑物容许范围以内，则不致对建（构）筑物的使用和安全造成危害；但是，当外荷载在地基土中引起过大的应力时，过大的地基变形会使建（构）筑物产生过量的沉降，影响建（构）筑物的正常使用，甚至可以使土体发生整体破坏而失去稳定。因此，研究地基土中应力的分布规律是研究地基和土工建（构）筑物变形与稳定问题的理论依据。它是地基基础设计中的一个十分重要的问题。

要想解决建筑物或土工结构物工程中地基沉降（变形）分析，就必须了解和计算土体在建筑物修建前后的应力及其变化，即自重应力和附加应力两种。附加应力的大小，除与计算点的位置有关外，还取决于基底压力的大小和分布状况。所以，在地基变形计算中，需要先确定基底压力及基底附加压力，据此计算附加应力。因此，要想解决地基沉降（变形）问题，必须先学习自重应力、基底压力和附加应力的分布与计算。

▶▶▶ 相关知识

1.1 土的自重应力

自重应力是由土的自身重量作用而产生的应力。它与建筑物是否建设无关，是土体本身所固有的力，始终存在于土中的，故又称常驻应力。它也是土粒传递的粒间应力，也称有效应力，是影响土体强度和变形的主要因素。

在计算地基土自重应力时，可假定土体（地基）为半无限体，即土体在地面以下沿深度方向及水平各方向均为半无限体，所以，地基土均匀时，任一与地面平行的水平面上竖向自重应力均匀地无限地分布。即地基土在自重作用下，只产生竖向变形而无侧向位移及剪切变形。

微课：自重应力

1.1.1 垂直自重应力

（1）均质土的自重应力（图 4.1）。设地基中某单元体离地面的距离为 z，土的重度为 γ，则单元体上竖直向自重应力等于单位面积上的土柱所受的重力，即

动画：自重应力

$$\sigma_{cz} = \frac{W}{A} = \frac{\gamma V}{A} = \frac{\gamma z A}{A} = \gamma z \qquad (4.1)$$

式中 σ_{cz} ——自重应力（kPa）；

γ ——土的重度（kN/m³）；

z ——计算点距地表的距离（m）。

由此可知，土的天然重度引起的自重应力 σ_{cz} 等于土的重度 γ 与深度 z 的乘积。自重应力沿水平面呈均匀分布。与 z 成正比，随深度 z 线性增加。

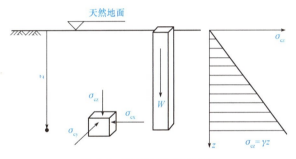

图 4.1 均质土的自重应力

（2）成层土的自重应力。如果地基是由几种不同重度的土层组成时，设各土层的厚度为 h_i，重度为 γ_i，如图 4.2 所示，则任意深度 z 处的自重应力为

$$\sigma_{cz} = \gamma_1 h_1 + \gamma_2 h_2 + \cdots\cdots = \sum_{i=1}^{n} \gamma_1 h_1 \tag{4.2}$$

式中　n——地基中土的层数；

　　　γ_i——第 i 层土的重度（kN/m³）；

　　　h_i——i 层土的厚度（m）。

分析成层土的自重应力分布曲线的变化规律，可以得到下面三点结论：

（1）由于各层土的重度不同，所以成层土中自重应力沿深度呈折线分布，转折点位于土层分界面处。

（2）同一层土的自重应力按直线变化。

（3）自重应力随深度的增加而增大。

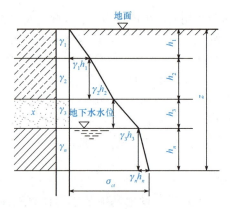

图 4.2　成层土的自重应力

1.1.2　地下水对土中的自重应力影响

（1）存在地下水的情况。自重应力是指有效应力，若计算点在地下水水位以下，由于水对土体有浮力作用，则水下部分土柱的有效重量应采用土的浮重度 γ'。由于地下水面处上下的重度不同，因此地下水面处是自重应力分布线的转折点，如图 4.2 所示。

（2）地下水水位升降情况。如果土层中地下水水位升降，土中的自重应力也相应发生变化。图 4.3（a）所示为地下水水位下降情况。地下水水位变化范围内的土体，在水位变化前土颗粒受浮力作用，土的自重应力 σ_{cz} 等于 $\gamma' z$，而地下水水位下降后土颗粒不受浮力作用，自重应力 σ 等于 γz，因为 $\gamma > \gamma'$，所以土的自重应力增加，引起土体发生变形。若在土体中大量开采地下水，造成地下水水位大幅度下降，将会引起地面大面积下沉的严重后果。

图 4.3 所示（b）为地下水水位上升情况。一般发生在人工提高蓄水水位的地区（如筑坝蓄水）或工业用水大量渗入地下的地区。由于地下水水位上升使原来未受浮力作用的土颗粒受到了浮力作用，致使土的自重应力减小。地下水上升除引起自重应力减小外，还将引起黏性土地基承载力降低、自重湿陷性黄土湿陷、挡土墙侧向压力增大、土坡的稳定性降低等。当土层为新近沉积或地面有大面积人工填土时，土中的自重应力会增大［图 4.3（c）］，这时也应考虑土体在自重应力增量作用下的变形。

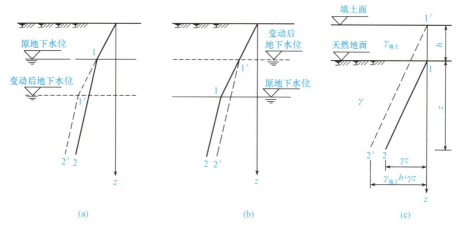

图 4.3　由于填土或地下水水位升降引起自重应力的变化

（a）地下水水位下降；（b）地下水水位上升；（c）填土

虚线：变化后的自重应力；实线：变化前的自重应力

引起地下水水位下降的原因主要是城市过量开采地下水及基坑开挖降水，其直接后果是导致地面下沉。地下水水位下降后，新增加的自重应力将使土体本身产生压缩变形。由于这部分自重应力的影响深度很大，故所造成的地面沉降往往也是很大的。我国相当一部分城市由于过量开采地下水，出现了地表大面积沉降、地面塌陷等严重问题。在进行基坑开挖时，如降水过深、时间过长，则常引起坑外地表下沉，从而导致邻近建筑物开裂、倾斜。要解决这一问题，可在坑外设置端部进入不透水层或弱透水层、平面上呈封闭状的截水帷幕或地下连续墙（防渗墙），将坑内外的地下水分隔开。另外，还可以在邻近建筑物的基坑一侧设置回灌沟或回灌井，通过水的回灌来维持相邻建筑物下方的地下水水位不变。

（3）有相对不透水层的情况。当地基中存在有相对不透水层（如岩层或密实黏土），地基处于饱和状态，土的孔隙水绝大多数是结合水，这些结合水不存在水的浮力，它不传递静水压力，相对不透水层以上水的静压力对以下土体产生影响，顶面处必须考虑上部静水压力的作用，以饱和重度 γ_{sat} 计算，故不透水层顶面处的自重应力等于全部上覆土层的自重应力与静水压力之和。

1.1.3　土坝或土堤的自重应力

土坝或土堤等土工建筑物，由于不属于半无限体，坝身和坝基的受力条件较复杂，通常可简化计算。仍假定土坝断面中任一深度处一点的自重应力等于该点以上土体有效重力，则按式（4.2）计算。要求精确计算土坝中的自重应力时，可采用有限元法。

1.2　基底压力与基底附加压力

建筑物荷载都是通过基础传递到地基中的。基础底面传递给地基表面单位面积上的压力称为基底接触压力，简称基底压力，记为 p，单位为 kN/m^2 或 kPa。为了计算上部荷载在地基土层中引起的附加应力，首先必须研究基底压力的大小和分布状况。

1.2.1 基底压力

（1）基底压力的分布与简化。基底压力的大小分布状况，对地基内部的附加应力有着非常重要的影响；同时，与基础的刚度、土的性质、荷载的大小和分布、基础的埋置深度等多种因素有关。

对于刚性很小的基础，基础随地基一起变形，其基底压力大小和分布状况与作用在基础上的荷载大小及分布状况相同，如图 4.4 所示。

对于刚性基础，其基底压力分布将随土的性质、上部荷载的大小和基础的埋置深度而异，如图 4.5 所示。

黏性土表面上的条形基础，其基底压力分布呈中间小边缘大的马鞍形，随荷载增加，基底压力分布变化呈中间大、边缘小的钟形。

砂土地基表面上的条形刚性基础，由于受到中心荷载作用时，基底压力分布呈抛物线。随着荷载增加，基底压力分布的抛物线的曲率增大。这主要是散状砂土颗粒的侧向移动导致边缘的压力向中部转移而形成的。

从上述分析中可以知道，基底压力的分布形式是非常复杂的。但由于基底压力都是作用在地表面附近，基底压力的分布情况对于地基土中的附加应力分布的影响随着深度的增加而减少。在一定深度之后，地基中应力分布与基底压力的分布形状无关，而只取决于荷载的合力的大小和位置。对于一般基础工程的地基计算，基底压力分布近似地按直线变化的假定，采用材料力学理论进行简化计算。

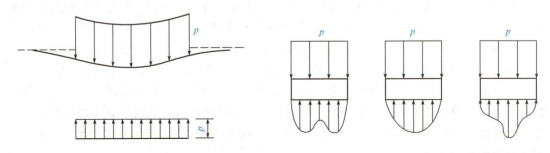

图 4.4　刚性很小基础基底压力分布　　　　图 4.5　刚性基础基底压力分布图

（2）基底压力的简化计算。

1）中心荷载下矩形基础和圆形基础。矩形和圆形基础上作用竖直中心荷载，其所受荷载的合力通过基底形心，如图 4.6 所示，基底压力为均匀分布，此时基底平均压力按式（4.3）计算：

$$p = \frac{F+G}{A} \tag{4.3}$$

式中　p——基底压力（kPa）；

　　　F——上部结构传至基础顶面的竖向力（kN）；

　　　A——基础底面面积（m²）；

　　　G——基础自重及其台阶上回填土重（kN）。

$G=\gamma_G Ad$，其中 γ_G 为基础和填土的平均重度，一般取 $\gamma_G = 20 \text{ kN/m}^3$，地下水水位以下取有效重度，$d$ 必须从设计地面或室内、外平均地面算起。

2）条形基础。在实际工程中，有些建筑物的长度 l 和宽度 b 相差较大，在实际计算中，若基础 $l/b \geqslant 10$ 可视为条形基础（如工业与民用建筑工程），有时当 $l/b \geqslant 5$ 也可视为条形基础（如水利工程）。荷载在长度方向均匀分布，则在长度方向截取单位长进行计算，此时基底压力为

$$\bar{p} = \frac{\overline{F+G}}{b} \qquad (4.4)$$

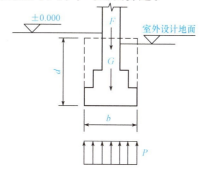

图 4.6　中心荷载作用下基底压力分布

1.2.2　偏心荷载作用下的基底压力

当基础受竖向偏心荷载作用时，可按材料力学偏心受压公式计算基底压力。

（1）矩形基础。

承受偏心荷载的基础，假定基底压力为直线变化-梯形或三角形变化。工程实际中，常按单向偏心受压荷载设计，即令荷载合力作用于矩形基础底面的一个主轴上，通常基底的长边方向取与偏心方向一致，代入材料力学偏心受压公式得基底两边缘最大、最小压力 $P_{\max}$、$P_{\min}$：

$$P_{\min}^{\max} = \frac{F+G}{bl} \left(1 \pm \frac{6e}{l}\right) \qquad (4.5)$$

由式（4.5）可知：

$e < l/6$ 时，基底压力分布图成梯形分布，如图 4.7（a）所示；

$e < l/6$ 时，基底压力为三角形分布，如图 4.7（b）所示；

$e < l/6$ 时，基底压力一侧为正，一侧为负，如图 4.7（c）所示。基底压力为负值，即产生拉应力段，实际上是基础与地基出现局部脱离，受力面积有所减少，因此基底压力会重新分布，应改变偏心距或调整基础的宽度，设计中不宜使 $e > l/6$，应控制在 $e \leqslant l/6$，以便充分利用地基承载能力。

（2）条形基础。

条形基础垂直于长度方向的各个截面都相同，荷载也相同，则各个截面中基底压力和它

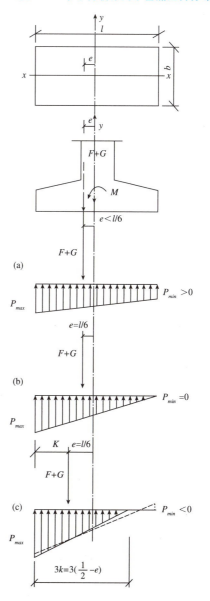

图 4.7　偏心荷载作用下基底压力分布

引起的附加应力也就一样。沿长度取 1 m 进行计算，偏心方向与基础宽度一致，则偏心荷载合力沿基底宽度两端所引起的基底压力为：

$$P_{\min}^{\max} = \frac{F+G}{b}\left(1 \pm \frac{6e}{b}\right) \tag{4.6}$$

实际应用中，土坝、挡土墙等，其基础长度往往比宽度大若干倍，故常按条形基础计算。

1.2.3 基底附加压力

一般基础均埋置于地面以下一定深度，称为基础埋置深度。地基中的附加应力是由基底压力引起的，而基础都有一定的埋置深度。基础开挖前，基底处已存在自重应力，土在自重应力作用下变形已基本完成；基础开挖后，这一部分土体已挖除，自重应力消失，故在基底压力中应扣除原已存在的自重应力，便得到基础附加压力。

当基底压力受中心荷载且均匀分布时，基底附加压力表达式为

$$p_0 = p - \gamma_0 d \tag{4.7}$$

式中　p_0——基底附加压力（kPa）；

　　　γ_0——基底底面以上土的加权平均重度（kN/m³）；

　　　d——基础埋深，一般从天然地面算起（m）。

土在自重作用下，地基变形已经完成，只有增加的基底附加压力才能使地基发生沉降，故 p_0 又称为沉降计算压力。

1.3　地基中附加应力

地基附加应力是指外荷载作用下地基中增加的应力。常见的外荷载有建筑物荷载等。建筑物荷载通过基础传递给地基。当基础底面积是圆形或矩形时，求解地基附加应力属于空间问题（其应力是 x、y、z 的函数）；当基础底面积是长条形时，常将其近似为平面问题（其应力是 x、z 的函数），坝、挡土墙等大多属于条形基础。

微课：附加应力

对一般天然土层，由自重应力引起的压缩变形已经趋于稳定，不会再引起地基的沉降，地基中的附加应力是地基发生变形、引起建筑物沉降的主要原因。

1.3.1 矩形基础均布竖向荷载附加应力计算——空间问题

矩形基础通常是指 $l/b<10$（水利工程 $l/b<5$）的基础，矩形基础下地基中任一点的附加应力与该点对 x、y、z 三轴的位置有关，故属空间问题。

地基表面有一矩形，宽度为 b，长度为 l，其上作用有竖向均布荷载，荷载强度为 p_0，计算地基内各点的附加应力 σ_z。计算方法：先求出矩形面积的角点下附加应力，再利用"角点法"计算出任意点下的附加应力。

（1）角点下的附加应力。角点下的附加应力是指图 4.8 中 O、A、C、D 四个角点下任意深度处的附加应力。只要深度 z 一样，则四个角点下的附加应力 σ_z 都相同。将坐标的原点选在角点 O 上，在荷载面积内任取微分面积 $dA = dxdy$，并将其上作用的荷载以集中力 dA 代替，则 $dP = p_0 dxdy$。利用式（4.8）即可计算出该集中力在角点 O 以下深度 z 处 M

点所引起的竖直向附加应力 $\mathrm{d}\sigma_z$：

$$\mathrm{d}\sigma_z=\frac{3\mathrm{d}P}{2\pi}\cdot\frac{z^3}{R^5}=\frac{3P}{2\pi}\cdot\frac{z^3}{(x^2+y^2+z^2)^{5/2}}\mathrm{d}x\mathrm{d}y \tag{4.8}$$

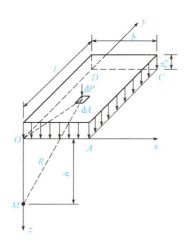

图 4.8　矩形面积均布荷载作用时角点下的附加应力

将式（4.8）沿整个矩形面积 $OACD$ 积分，即可得出矩形面积上均布荷载 p_0 在 M 点引起的附加应力 σ_z

$$\sigma_z=\int_0^l\int_0^b\frac{3p_0}{2\pi}\cdot\frac{z^3}{(x^2+y^2+z^2)^{5/2}}\mathrm{d}x\mathrm{d}y$$

$$=\frac{p_0}{2\pi}\left[\arctan\frac{m}{n\sqrt{1+m^2+n^2}}+\frac{m\cdot n}{\sqrt{1+m^2+n^2}}\left(\frac{1}{m^2+n^2}+\frac{1}{1+n^2}\right)\right] \tag{4.9}$$

式中，$m=\dfrac{l}{b}$；$n=\dfrac{z}{b}$，其中 l 为矩形的长边，b 为矩形的短边。

为了计算方便，可将式（4.9）简写成

$$\sigma_z=k_c\cdot p_0 \tag{4.10}$$

式中　k_c——矩形竖直向均布荷载角点下的应力分布系数，$k_c=f(m,n)$，可从表 4.1 中查得。

应用角点法时要注意以下三点：

1）要使角点 O 位于所划分的每一个矩形的公共角点。

2）所划分的矩形面积总和应等于原有的受荷面积。

3）查表时，所有分块矩形都是长边为 l，短边为 b。

（2）任意点的附加应力——角点法。在实际计算中，常会遇到均布荷载计算点不是位于矩形荷载面角点之下的情况，这时可以通过作辅助线把荷载分成若干个矩形面积，计算点必须正好位于这些矩形面积的公共角点之下，利用式（4.11）和应力叠加原理，计算出地基中每个矩形角点下同一深度 z 处的附加应力 σ_z 值，并计算出代数和。这种附加应力的计算方法，称为"角点法"。角点法的应用可以分下列四种情况：

第一种情况：如图 4.9（a）所示，计算点 o 在荷载面内，o 点为 4 个小矩形的公共角点，则 o 点下任意 z 深度处的附加应力 σ_z 为

$$\sigma_z=(k_{cⅠ}+k_{cⅡ}+k_{cⅢ}+k_{cⅣ})\,p_0 \tag{4.11}$$

第二种情况：如图 4.9（b）所示，计算点 o 在荷载面边缘，o 点为 2 个小矩形的公共角点，则 o 点下任意 z 深度处的附加应力 σ_z 为

$$\sigma_z = (k_{cI} + k_{cII}) p_0 \tag{4.12}$$

第三种情况：如图 4.9（c）所示，计算点 o 在荷载边缘外侧，o 点为 4 个小矩形的公共角点，则 o 点下任意 z 深度处的附加应力 σ_z 为

$$\sigma_z = (k_{cI} + k_{cIII} - k_{cII} - k_{cIV}) p_0 \tag{4.13}$$

第四种情况：如图 4.9（d）所示，计算点 o 在荷载面角点外侧，o 点为 4 个小矩形的公共角点，则 p 点下任意 z 深度处的附加应力 σ_z 为

$$\sigma_z = (k_{cI} - k_{cII} - k_{cIII} + k_{cIV}) p_0 \tag{4.14}$$

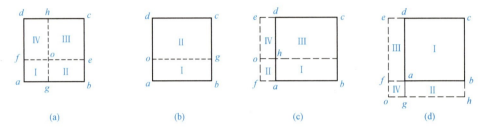

图 4.9 角点法计算均布矩形荷载下的地基附加应力

（a）荷载面内；（b）荷载面边缘；（c）荷载边缘外侧；（d）荷载面角点外侧

动画：计算点
在基地边缘

动画：计算点
在荷载面内

动画：计算点在
荷载面边缘外侧

动画：计算点在
荷载面角点外侧

表 4.1 矩形面积受竖直均布荷载作用时角点下的应力系数 k_c

$n=z/b$ ＼ $m=l/b$	1.0	1.2	1.4	1.6	1.8	2.0	3.0	4.0	5.0	6.0	10.0
0.0	0.250 0	0.250 0	0.250 0	0.250 0	0.250 0	0.250 0	0.250 0	0.250 0	0.250 0	0.250 0	0.250 0
0.2	0.248 6	0.248 9	0.249 0	0.249 1	0.249 1	0.249 1	0.249 2	0.249 2	0.249 2	0.249 2	0.249 2
0.4	0.240 1	0.242 9	0.242 9	0.243 4	0.243 7	0.243 9	0.244 2	0.244 3	0.244 3	0.244 3	0.244 3
0.6	0.222 9	0.227 5	0.230 0	0.235 1	0.232 4	0.232 9	0.233 9	0.234 1	0.234 2	0.234 2	0.234 2
0.8	0.199 9	0.207 5	0.212 0	0.214 7	0.216 5	0.217 6	0.219 6	0.220 0	0.220 2	0.220 2	0.220 2
1.0	0.175 2	0.185 1	0.191 1	0.195 5	0.198 1	0.199 9	0.203 4	0.204 2	0.204 4	0.204 5	0.204 6
1.2	0.151 6	0.162 6	0.170 5	0.175 8	0.179 3	0.181 8	0.187 0	0.188 2	0.188 5	0.188 7	0.188 8
1.4	0.130 8	0.142 3	0.150 8	0.156 9	0.161 3	0.164 4	0.171 7	0.173 0	0.173 5	0.173 8	0.174 0
1.6	0.112 3	0.124 1	0.132 9	0.143 6	0.144 5	0.148 2	0.156 7	0.159 0	0.159 8	0.160 1	0.160 4

$m=l/b$ $n=z/b$	1.0	1.2	1.4	1.6	1.8	2.0	3.0	4.0	5.0	6.0	10.0
1.8	0.096 9	0.108 3	0.117 2	0.124 1	0.129 4	0.133 4	0.143 4	0.146 3	0.147 4	0.147 8	0.148 2
2.0	0.084 0	0.094 7	0.103 4	0.110 3	0.115 8	0.120 2	0.131 4	0.135 0	0.136 3	0.136 8	0.137 4
2.2	0.073 2	0.083 2	0.091 7	0.098 4	0.103 9	0.108 4	0.120 5	0.124 8	0.126 4	0.127 1	0.127 7
2.4	0.064 2	0.073 4	0.081 2	0.087 9	0.093 4	0.097 9	0.110 8	0.115 6	0.117 5	0.118 4	0.119 2
2.6	0.056 6	0.065 1	0.072 5	0.078 8	0.084 2	0.088 7	0.102 0	0.107 3	0.109 5	0.110 6	0.111 6
2.8	0.050 2	0.058 0	0.064 9	0.070 9	0.076 1	0.080 5	0.094 2	0.099 9	0.102 4	0.103 6	0.104 8
3.0	0.044 7	0.051 9	0.058 3	0.064 0	0.069 0	0.073 2	0.087 0	0.093 1	0.095 9	0.097 3	0.098 7
3.2	0.040 1	0.046 7	0.052 6	0.058 0	0.062 7	0.066 8	0.080 6	0.087 0	0.090 0	0.091 6	0.093 3
3.4	0.036 1	0.042 1	0.047 7	0.052 7	0.057 1	0.061 1	0.074 7	0.081 4	0.084 7	0.086 4	0.088 2
3.6	0.032 6	0.038 2	0.043 3	0.048 0	0.052 3	0.056 1	0.069 4	0.076 3	0.079 9	0.081 6	0.083 7
3.8	0.029 6	0.034 8	0.039 5	0.043 9	0.047 9	0.051 6	0.064 5	0.071 7	0.075 3	0.077 3	0.079 6
4.0	0.027 0	0.031 8	0.036 2	0.040 3	0.044 1	0.047 4	0.060 3	0.067 4	0.071 2	0.073 3	0.075 8
4.4	0.022 7	0.026 8	0.030 6	0.034 3	0.037 6	0.040 7	0.052 7	0.059 7	0.063 9	0.066 2	0.069 6
4.8	0.019 3	0.022 9	0.026 2	0.029 4	0.032 4	0.035 2	0.046 3	0.053 3	0.057 6	0.060 1	0.063 5
5.0	0.017 9	0.021 2	0.024 3	0.027 4	0.030 2	0.032 8	0.043 5	0.050 4	0.054 7	0.057 3	0.061 0
6.0	0.012 7	0.015 1	0.017 4	0.019 6	0.021 8	0.023 3	0.032 5	0.038 8	0.043 1	0.046 0	0.050 6
7.0	0.009 4	0.011 2	0.013 0	0.014 7	0.016 4	0.018 0	0.025 1	0.030 6	0.034 6	0.037 6	0.042 8
8.0	0.007 3	0.008 7	0.010 1	0.011 4	0.012 7	0.014 0	0.019 8	0.024 6	0.028 3	0.031 1	0.036 7
9.0	0.005 8	0.006 9	0.008 0	0.009 1	0.010 2	0.011 2	0.016 1	0.020 2	0.023 5	0.026 2	0.031 9
10.0	0.004 7	0.005 6	0.006 5	0.007 4	0.008 3	0.009 2	0.013 2	0.016 7	0.019 8	0.022 2	0.028 0

1.3.2 条形基础均布竖向荷载附加应力计算——空间问题

如图 4.10 所示，设一条形均布荷载沿宽度 b 方向中 x 轴方向均匀分布，均布条形荷载 p_0，坐标原点 O 取在基础一侧的端点上，地基中任意点 $M（x，z）$ 处附加应力 σ_z：

$$\sigma_z = k_z^s \cdot p_0 \qquad (4.15)$$

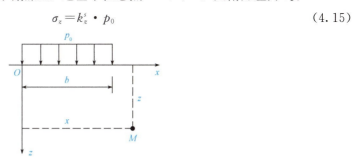

图 4.10　条形均布荷载作用下的附加应力

式中　k_z^s——形基础受竖向均布荷载下的附加应力系数，可根据 $m=\dfrac{x}{b}$，$n=\dfrac{z}{b}$ 查表 4.2。

坐标符号规定：荷载作用的一侧为正方向。

表 4.2 条形基础受竖向均布荷载的附加应力系数 k_z^s

z/b \ x/b	−0.5	−0.25	0	0.25	0.50	0.75	1.00	1.25	1.50
0.01	0.001	0.000	0.500	0.999	0.999	0.999	0.500	0.000	0.001
0.10	0.002	0.011	0.499	0.988	0.997	0.988	0.499	0.011	0.002
0.20	0.011	0.091	0.498	0.936	0.979	0.936	0.498	0.091	0.011
0.40	0.056	0.174	0.489	0.797	0.881	0.797	0.489	0.174	0.056
0.60	0.111	0.243	0.468	0.679	0.756	0.679	0.468	0.243	0.111
0.80	0.155	0.276	0.440	0.586	0.642	0.586	0.440	0.276	0.155
1.00	0.186	0.288	0.409	0.511	0.549	0.511	0.409	0.288	0.186
1.20	0.202	0.287	0.375	0.450	0.478	0.450	0.375	0.287	0.202
1.40	0.210	0.279	0.348	0.400	0.420	0.400	0.348	0.279	0.210
1.60	0.212	0.268	0.321	0.360	0.374	0.360	0.321	0.268	0.212
1.80	0.209	0.255	0.297	0.326	0.337	0.326	0.297	0.255	0.209
2.00	0.205	0.242	0.750	0.298	0.306	0.298	0.275	0.242	0.205
2.50	0.188	0.212	0.231	0.244	0.248	0.244	0.231	0.212	0.188
3.00	0.171	0.186	0.198	0.206	0.208	0.206	0.198	0.186	0.171
3.50	0.154	0.165	0.173	0.178	0.179	0.178	0.173	0.165	0.154
4.00	0.140	0.147	0.153	0.156	0.158	0.156	0.153	0.147	0.140
4.50	0.128	0.133	0.137	0.139	0.140	0.139	0.137	0.133	0.128
5.00	0.117	0.121	0.124	0.126	0.126	0.126	0.124	0.121	0.117

训练与提升

1. 简答题

（1）成层土的自重应力的计算方法是什么？

（2）中心荷载基底压力的计算方法是什么？

（3）角点法计算地基附加应力的步骤是什么？

2. 计算题

有均布荷载 $P = 100 \text{ kN/m}^2$，荷载面积为 $(2 \times 1) \text{ m}^2$，如图 4.11 所示，计算荷载面积上角点 A、边点 E、中心点 O 以及荷载面积外 F 点和 G 点等各点下 $z = 1 \text{ m}$ 深度处的附加应力。

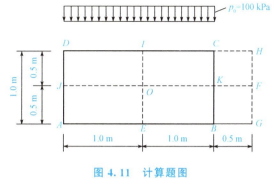

图 4.11 计算题图

3. 实训题

已知某基础宽为 5 m，长为 10 m，受到竖直偏心荷载的作用，偏心荷载为 5 000 kN，偏心距为 0.5 m，基础埋深为 1.5 m，埋深范围内土的重度为 18.5 kN/m³。试计算该基础的基底压力并绘制分布图。

依据材料：

（1）由于建筑物中许多都是偏心荷载，所以也要了解单向竖向偏心荷载作用下的基底压力知识，然后进行分析简答。

（2）可查阅相关资料，也可以观看微课视频。

任务 2   土的压缩性判断

》》 任务提出

××厂房柱下单独方形基础，底面尺寸为 4 m×4 m，天然地面下基础埋深为 1 m，通过分析计算上部所受中心荷载 F 为 1 440 kN，根据工程地质勘察资料，地下水水位埋深为 3.4 m，地基为粉质黏土，土的天然重度为 16.0 kN/m³，饱和重度为 17.2 kN/m³。判断地基土的压缩性，绘制孔隙比 e 与压应力 p 的关系，确定厂房柱下单独方形基础最终沉降是多少？

》》 任务布置

通过压缩试验确定压缩指标，判断地基土的压缩性。

》》 任务分析

地基中的土体在荷载作用下会产生变形，在竖直方向产生的变形称为沉降。沉降的大小取决于建筑物的重量与分布、地基土层的种类、各土层的厚度及土的压缩性等。

要想解决建筑工程中地基沉降（变形）分析，就必须了解土体的压缩性、确定压缩性指标和地基土孔隙比 e 与压应力 p 的关系。

微课：土的压缩性
概念

动画：土体压缩
变形

▶ 相关知识

2.1 土的压缩性概念

土在压力作用下体积减小的特性称为土的压缩性。试验研究表明，固体颗粒和水的压缩量是微不足道的，在一般压力下（100～600 kPa），土颗粒和水的压缩量都可以忽略不计，所以，土体的压缩主要是孔隙中一部分水和空气被挤出，封闭气泡被压缩。与此同时，土颗粒相应发生移动，重新排列，靠拢挤紧，从而使土中孔隙减小。对于饱和土来说，其压缩则主要是由于土体孔隙水的挤出。土的压缩表现为竖向变形和横向变形，一般情况下以前者为主。土的压缩变形快慢与土的渗透性有关。在荷载作用下，排水性大的饱和无黏性土，压缩过程短，建筑物施工完毕时，可认为其压缩变形已基本完成；而排水性小的饱和黏性土，其压缩过程所需时间长，需要十几年甚至几十年压缩变形才稳定。饱和土体在外力作用下，压缩随时间增长的过程，称为土的固结。对于饱和黏性土而言，土的固结问题非常重要。

2.2 土的压缩性指标测定

不同的土压缩性有很大的差别，其主要影响因素包括土本身的性状（如土粒级配、成分、结构构造、孔隙水等）和环境因素（如应力历史、应力路线、温度等）。为了评价土的这种性质，通常采用室内侧限压缩试验（也叫作固结试验）和现场荷载试验来确定。

微课：土的压缩性
判断

2.2.1 侧限压缩试验

侧限压缩试验，通常又称为单向固结试验。即土体侧向受限不能变形，只有竖直方向产生压缩变形。图 4.12 所示为室内侧限压缩仪（又称固结仪）的示意，它由压缩容器、加压活塞、刚性护环、环刀、透水石和底板等组成。常用的环刀内径为 6～8 cm，高 2 cm，试验时，先用金属环刀取土，然后将土样连同环刀一起放入压缩仪，土样上下各放一块透水石，以便土样受压后能自由排水，在透水石上面再通过加荷装置施加竖向荷载。由于土样受到环刀、压缩容器的约束

在侧限压缩试验中，土样的受力状态相当于土层在承受连续均布荷载时的情况。试验中作用在土样上的荷载需逐级施加，通常按 50 kPa、100 kPa、200 kPa、300 kPa、400 kPa、500 kPa 加荷，最后一级荷载视土样情况和实际工程而定，原则上略大于预估的土自重应力与附加应力之和，但不小于 200 kPa。每次加

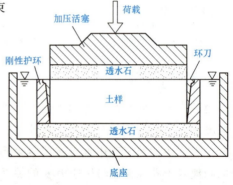

图 4.12 侧限压缩试验示意

荷后，要等到土样压缩相对稳定后才能施加下一级荷载。必要时，可做加载—卸载—再加载试验，各级荷载下土样的压缩量用百分表测得，再按如下方法换算成孔隙比。

如图 4.13 所示，由于在试验过程中不能侧向变形，所以压缩前后土样横截面面积保持不变；同时，由于土颗粒本身的压缩可以忽略不计。所以，压缩前后土样中土颗粒的体积也是不变的，根据孔隙比的定义，设土样的初始高度为 H_0，横截面面积为 A，孔隙比为 e_0，体积为 V_1，受压后土样的高度为 H_i，则有 $H_i = H_0 - \sum s_i$，则受压后土样的孔隙比可根据换算得到。

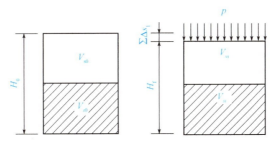

图 4.13　土的压缩试验原理

压缩前：$V_0 = AH_0$

即
$$V_{s0}\,(1+e_0) = AH_0 \tag{4.16}$$

压缩后：$V_i = AH_i$

即
$$V_{si}\,(1+e_i) = AH_i \tag{4.17}$$

由上式可得到 $\dfrac{H_i}{H_0} = \dfrac{V_{si}\,(1+e_i)}{V_{s0}\,(1+e_0)}$

经过整理可得任一级别荷载作用下土体稳定后的孔隙比为

$$e_i = e_0 - (1+e_0)\frac{\sum \Delta s_i}{H_0} \tag{4.18}$$

式（4.18）是侧限压缩条件下计算土的压缩量的基本公式。

2.2.2　试验结果的表达方法

在试验时，测得各级荷载作用下土样的变形量 Δs_i，按照公式计算出相应的孔隙比 e_i，根据试验的各级压力和对应的孔隙比，可绘制出压力与孔隙比的关系曲线，即压缩曲线。常用的方法有 $e\text{-}p$ 曲线与 $e\text{-}\lg p$ 曲线两种形式，如图 4.14 所示。横坐标代表土压力 p，纵坐标代表孔隙比 e，曲线越陡说明土的压缩性也越大，土体越容易发生变形；而 $e\text{-}\lg p$ 曲线横坐标以对数的形式表示压力，纵坐标代表相应的孔隙比 e，曲线下部近似直线段，其直线越陡，说明土体的压缩性越大，越容易发生变形，如图 4.15 所示。

2.2.3　压缩指标

虽然根据 $e\text{-}p$ 曲线可以判别土体的压缩性大小，但在实际工程中需要进行定量判别。常用的判别土体压缩性大小的指标有压缩系数 a、压缩指数 C_c 和压缩模量 E_s 等。

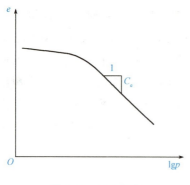

图 4.14　*e*-*p* 曲线　　　　　图 4.15　*e*-lg*p* 曲线

（1）压缩系数。当 *e*-*p* 曲线较陡时，说明增加压力时孔隙比减小较快。侧限压缩试验得 *e*-*p* 曲线上任意点处切线的斜率 *a* 反映了土里在该压力 *p* 作用下土体压缩性的大小，*a* 被称为土体的压缩系数。曲线平缓，其斜率小，土的压缩性低；曲线陡，其斜率大，土的压缩性高。

在工程上，当压力 *p* 的变化范围不大时，由图 4.15 可见从 p_1 到 p_2，压缩曲线上相应的直线 M_1M_2 代替曲线，土在此段的压缩性可用该割线的斜率来反映，则直线 M_1M_2 的斜率称为土体在该段的压缩系数，即

$$a = \frac{e_1 - e_2}{p_2 - p_1} = -\frac{\Delta e}{\Delta p} \qquad (4.19)$$

式中　*a*——土的压缩系数（kPa^{-1} 或 MPa^{-1}）；

　　　p_1——增压前的压力（kPa）；

　　　p_2——增压后的压力（kPa）；

　　　e_1、e_2——增压前后土体在 p_1 和 p_2 作用下压缩稳定后的孔隙比。

式中，负号表示土体孔隙比随压力 *P* 的增加而减小。

由式（4.19）可以看出，压缩系数表示单位压力增量作用下土的孔隙比的减小量，故压缩系数 *a* 越大，土的压缩性就越大，但压缩系数的大小并非常数，而是随割线位置的变化而不同。从图 4.15 中可以看出，取不同的压力段，其割线斜率是不相同的，即有不同的压缩系数。因此，压缩系数是变量。

从对土评价的一致性出发，《建筑地基基础设计规范》（GB 50007—2011）中规定，取压力 $p_1 = 100$ kPa、$p_2 = 200$ kPa 对应的压缩系数 a_{1-2} 作为判别土压缩性的标准。规范中按照 a_{1-2} 的大小将土的压缩性划分如下：

　　　　　$a_{1-2} < 0.1$ MPa^{-1}　　　　　　属低压缩性土

　　　　　0.1 $MPa^{-1} \leqslant a_{1-2} < 0.5$ MPa^{-1}　　　属中压缩性土

　　　　　$a_{1-2} \geqslant 0.5$ MPa^{-1}　　　　　　属高压缩性土

（2）压缩指数。侧限压缩试验结果分析中也可以采用 *e*-lg*p* 曲线表示，如图 4.15 所示，此线段开始呈一段曲线，其后很长一段为直线，此直线段的斜率称为土体的压缩指数 C_c，即

$$C_c = \frac{e_1 - e_2}{\lg p_2 - \lg p_1} \qquad (4.20)$$

压缩指数是无量纲。类似于压缩系数，压缩指数 C_c 值也可以用来判别土的压缩性的大

小，C_c 值越大，土的压缩性越高。

$$C_c < 0.2 \qquad 低压缩性土$$
$$0.2 \leqslant C_c \leqslant 0.35 \qquad 中压缩性土$$
$$C_c > 0.35 \qquad 高压缩性土$$

（3）压缩模量。土体在完全侧限条件下，其竖向压力的变化增量与相应竖向应力的比值，称为土的压缩模量 E_s，即

$$E_s = \frac{\Delta p}{\varepsilon} \tag{4.21}$$

土体压缩模量 E_s 与压缩系数 a 的关系如下：

$$E_s = \frac{(1+e_1)}{a} \tag{4.22}$$

由式（4.22）可以看出，压缩模量 E_s 与压缩系数 a 成反比，E_s 越大，a 就越小，同时土的压缩性就越低。同样，可以用相应于 $p_1 = 100$ kPa、$p_2 = 200$ kPa 范围内的压缩模量 E_s 值评价地基土的压缩性。

$$E_s < 4 \text{ MPa} \qquad 高压缩性土$$
$$4 \text{ MPa} \leqslant E_s \leqslant 15 \text{ MPa} \qquad 中压缩性土$$
$$E_s > 15 \text{ MPa} \qquad 低压缩性土$$

 任务实施

检测任务　固结试验检测

本任务检测委托单见表 4.3。

视频：土的固结试验

表 4.3　土检测委托单

委托日期：2021 年 11 月 6 日		试验编号：TG-2021-0114
样品编号：20211106012		流转号：TG-2021-00212
委托单位：××建筑工程有限公司		
工程名称：××市 SW 水库建筑及安装工程		
建设单位：××市 SW 水库建设有限公司		
监理单位：××建筑工程咨询有限公司		
施工单位：××建筑工程有限公司		
使用部位：土方填筑区		取样地点：黏土料场
委托人：××		见证人员：×××
联系电话		收样人：
检测性质：施工自检		
检测依据：	□《土工试验方法标准》（GB/T 50123—2019）	
检验项目（在序号上画"√"）：1. 土粒比重　2. 颗粒分析　3. 界限含水率　4. 击实　5. 直剪　6. 三轴　√. 压缩　8. 有机质		
其他检验项目：		

检测任务描述：通过压缩试验确定压缩指标，判断地基土的压缩性。

土在压力作用下具有体积缩小的性能，称为土的压缩性。压缩试验也是固结试验，是为了测定土的压缩性，根据试验结果绘制出孔隙比与压力的关系曲线（压缩曲线），由曲线确定土在指定荷载变化范围内的压缩系数和压缩模量，以判断土的压缩性和计算建筑物地基、施工填土的沉降量。

1. 试验目的

测定试样在侧限条件下变形和压力的关系曲线从而计算出土的压缩性指标。

2. 试验方法

标准固结试验是在侧限条件下，对试样施加垂直压力，测量试样的变形量，从而获得土的压缩指标的试验方法。

3. 仪器设备

（1）固结容器：由环刀、护环、透水板、加压上盖和量表架等组成，如图 4.16 所示。

（2）加压设备。可采用量程为 5～10 kN 的杠杆式、磅秤式或其他加压设备。其最大允许误差应符合现行国家标准《土工试验仪器 固结仪 第 1 部分：单杠杆固结仪》（GB/T 4935.1—2008）、《土工试验仪器 固结仪 第 2 部分：气压式固结仪》（GB/T 4935.2—2009）的有关规定。

（3）变形测量设备。百分表量程 10 mm，分度值 0.01 mm，或最大允许误差应为 ±0.2% F.S 的位移传感器。

（4）其他。刮土刀、钢丝锯、天平、秒表等。

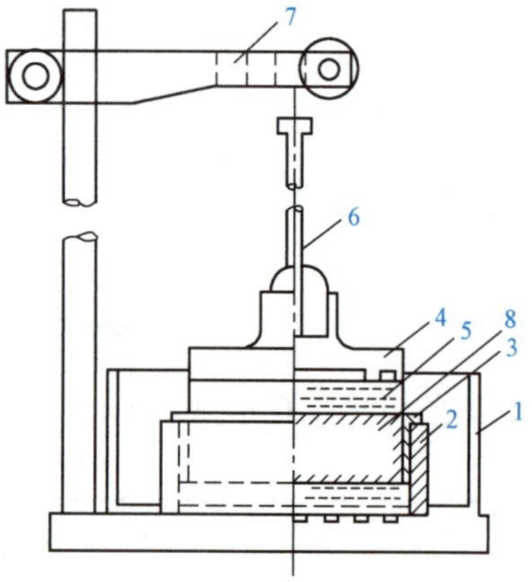

图 4.16　固结容器

1—槽；2—护环；3—环刀；4—加压上盖；
5—透水板；6—量表导杆；7—量表架；8—试样

4. 操作步骤

（1）试样制备。根据工程需要，切取原状土试样或制备成给定密度与含水率的扰动土试样。

（2）真空饱和，注水浸泡。细粒土中易存在封闭气泡，不易排出，影响其压实变形，可采用真空饱和的方式对试样进行饱和。真空抽气时间，对黏性土不小于 1 h，对粉性土不少于 0.5 h。然后注水淹没试样后，关闭真空气设备，恢复常压，浸泡，时长不小于 10 h。

（3）装样。在固结仪容器内放置护环、透水板和薄滤纸，将带有环刀的试样小心装入护环，然后在试样上放薄滤纸、透水板和压盖板，置于加压框架下，对准加压框架的正中，安装量表。

（4）预压，调量表。为保证试样与仪器上下各部件之间接触良好，应施加 1 kPa 的预压压力，然后调整量表，使指针读数为零。

（5）确定施加的压力。确定需要施加的各级压力，加压等级一般为 12.5 kPa、25.0 kPa、

50.0 kPa、100 kPa、200 kPa、400 kPa、800 kPa、1 600 kPa、3 200 kPa，最后一级的压力应大于上覆土层的计算压力 100～200 kPa。

（6）确定第 1 级起始压力。第 1 级压力的大小视土的软硬程度宜采用 12.5 kPa、25.0 kPa 或 50.0 kPa（第 1 级实加压力应减去预压压力）；只需测定压缩系数时，最大压力不小于 400 kPa。

（7）固结容器内注水或保湿。如饱和试样，则在施加第 1 级压力后，立即向水槽中注水至满；如非饱和试样，须用湿棉围住压盖板四周，避免水分蒸发。

（8）测试，需要测定沉降速率时，加压时间。需要测定沉降速率时，加压后按下列时间顺序测记量表读数：6 s、15 s、1 min、2 min 15 s、4 min、6 min 15 s、9 min、12 min 15 s、16 min、20 min 15 s、25 min、30 min 15 s、36 min、42 min 15 s、49 min、64 min、100 min、200 min、400 min、23 h 和 24 h 至稳定为止。

（9）测试，不需要测定沉降速率时，加压时间。当不需要测定沉降速率时稳定标准规定为每级压力下压缩 24 h，或试样变形每小时变化不大于 0.01 mm，测记稳定读数后，施加第 2 级压力，依次逐级加压至试验结束。

（10）需要做回弹试验时，可在某级压力（大于上覆有效压力）下固结稳定后卸压，直至卸至第 1 级压力，每次卸压后的回弹稳定标准与加压相同，并测记每级压力及最后一级压力时的回弹量。

（11）需要做次固结沉降试验时，可在主固结试验结束后继续试验至固结稳定为止。

（12）测定含水率。试验结束后，迅速拆除仪器各部件，取出带环刀的试样，需要测定试验后含水率时，则用干滤纸吸去试样两端表面上的水，测定其含水率。

5. 试验记录

将标准固结试验记录填入表 4.4 中。

表 4.4　标准固结试验记录表

委托日期		试验编号		试验者	
试验日期		流转号		校核者	
仪器设备					
试样说明					
加压力时 /h	压力 p_i /kPa	量表读数 / (0.01 mm)	仪器总变形量 λ / (0.01 mm)	试样总变形量 $\sum \Delta h_i$ /mm	孔隙比 e_i
	50				
	100				
	200				
	400				

含水率 $w_0 =$ _____　密度 $\rho_0 =$ _____　相对密度 $G_s =$ _____

试样高 $h_0 =$ _____　初始孔隙比 $e_0 =$ _____　$a_{1-2} =$ _____　$E_s =$ _____

6. 成果整理

（1）按式（4.23）计算试样的初始孔隙比：

$$e_0 = \frac{\rho_w G_s (1 + w_0)}{\rho_0} - 1 \tag{4.23}$$

式中 e_0——初始孔隙比；

　　　G_s——土粒比重；

　　　ρ_w——水的密度（g/cm³）；

　　　ρ_0——试样的初始密度（g/cm³）；

　　　w_0——试样的初始含水率（%）。

（2）按式（4.24）计算各级压力下固结稳定后的孔隙比：

$$e_i = e_0 - (1 + e_0) \frac{\sum \Delta h_i}{h_0} \tag{4.24}$$

式中 e_i——某级压力下的孔隙比；

　　　e_0——初始孔隙比；

　　　$\sum \Delta h_i$——某级压力下试样高度总变形量（mm）；

　　　h_0——试样初始高度（mm）。

（3）按式（4.25）计算某一压力范围内的压缩系数 a_v：

$$a_v = \frac{e_i - e_{i+1}}{p_{i+1} - p_i} \tag{4.25}$$

式中 a_v——某一压力范围内的压缩系数（kPa⁻¹或 MPa⁻¹）；

　　　p_i——某一压力值，（kPa 或 MPa）。

　　　式中其余符号意义同前。

（4）计算压缩指数 C_c 及回弹指数 C_s：

$$C_c \text{ 或 } C_s = \frac{e_i - e_{i+1}}{\lg p_{i+1} - \lg p_i} \tag{4.26}$$

式中符号意义同前。

（5）计算某一压力范围内的压缩模量 E_s：

$$E_s = \frac{1 + e_0}{a_v} \tag{4.27}$$

式中 E_s——某一压力范围内的压缩模量（kPa
　　　或 MPa）。

　　　式中其余符号意义同前。

（6）绘制压缩曲线。以孔隙比 e 为纵坐标、以压力 p 为横坐标，即可绘制压缩曲线，如图 4.17所示。

7. 成绩评价

固结试验成绩评价见表 4.5。

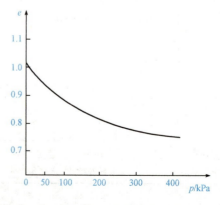

图 4.17　压缩曲线

表 4.5　固结试验成绩评价表

项目	序号	考核点	评价标准	扣分点	得分
试验操作	1	试样制备。根据工程需要,切取原状土试样或制备成给定密度与含水率的扰动土试样(5分)	试样制备错误,扣5分		
	2	将带有环刀的试样装入固结仪容器(10分)	固结仪容器内各部件安装错误,扣5分;带有土样的环刀安装方向错误,扣5分		
	3	将固结仪容器置于加压框架下,对准加压框架的正中,安装量表(10分)	加压框架倾斜,扣5分;未安装量表,扣5分		
	4	施加1 kPa的预压压力,然后调整量表,使指针读数为零(10分)	未施加1 kPa的预压压力,扣5分;量表没调零,扣5分		
	5	按要求施加各级垂直压力,在每级垂直压力下,土样达到压缩稳定后,读取量表读数(15分)	垂直压力施加错误,扣5分;未读取量表读数,扣5分;未及时记录,扣5分		
数据处理	1	计算初始孔隙比(10分)	计算错误,扣10分		
	2	计算各级压力下固结稳定后的孔隙比(10分)	计算错误,扣10分		
	3	绘制压缩曲线(5分)	曲线绘制错误,扣5分		
	4	计算压缩系数(10分)	计算错误,扣10分		
	5	判断土样压缩性(5分)	压缩性判断错误,扣5分		
劳动素养	1	试验结束仪器设备的整理(4分)	未关闭设备的,每个扣2分,共4分,扣完为止		
	2	试验操作台及地面清理(6分)	清理不干净,每处扣3分,共6分,扣完为止		
总分			权重	最终得分	

固结试验报告如图 4.18 所示。

2022060107K

固结试验报告

委托日期：2022 年 10 月 15 日	报告编号：2022—TG—0099—Y5—001
试验日期：2022 年 10 月 26 日	报告日期：2022 年 10 月 28 日

委托单位：××建筑工程有限公司

工程名称：××市 SW 水库建筑及安装工程

建设单位：××市 SW 水库建设有限公司

监理单位：××建筑工程咨询有限公司

施工单位：××建筑工程有限公司

取样位置：3-6A 取土场

使用部位：堤防加培土方填筑区

委托人：×××	见证人员：×××

检测性质：施工自检

试验依据：《土工试验方法标准》（GB/T 50123—2019）

固结试验成果

样品编号	2023—TG—LG05—0034—YS—001				
土粒比重	269		初始孔隙比		0675
湿密度/（g·cm^{-3}）	1.90	含水率/%	1.83	干密度/（g·cm^{-3}）	1.61
仪器编号	WG—B 型固结仪			试验方法	快速固结
垂直压力/（kPa）	50	100	200		400
孔隙比 e	0.650	0.645	0.634		0.620
压缩系数 a_{1-2}/MPa^{-1}	Q11		压缩模量 E_s/MPa^{-1}		1 540
压缩性	中压缩性的土（0.1 MPa^{-1}≤a_{1-2}<0.5 MPa^{-1}）				
试验依据	《土工试验方法标准》（GB/T 50123—2019）				
说明	仅对所检样品负责				

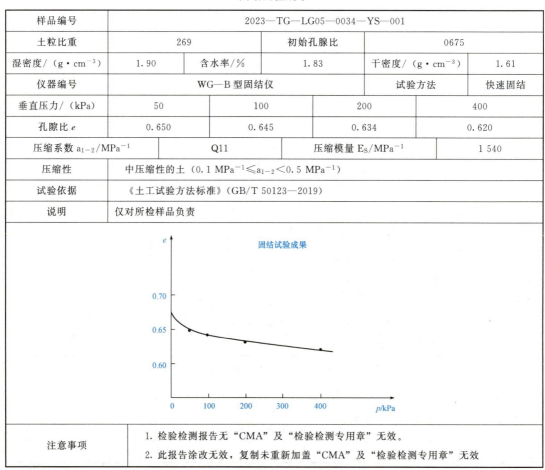

注意事项	1. 检验检测报告无"CMA"及"检验检测专用章"无效。
	2. 此报告涂改无效，复制未重新加盖"CMA"及"检验检测专用章"无效

检测单位（检测专用章）：　　　　批准：　　　　审核：　　　　主检：

图 4.18　固结试验报告

1. 简答题

（1）土产生压缩变形的实质是什么？从试验过程及结果中可以看出土体压缩有哪些规律？

（2）简述侧限压缩试验步骤，以及试验记录、数据整理、曲线绘制的方法。

（3）利用压缩指标判断土的压缩性。

2. 计算题

要求将本任务提出中地基土通过固结试验判断土的压缩性，并且绘制孔隙比 e 与压应力 p 的关系曲线。

3. 实训题

某饱和土样进行压缩试验，试样的原始高度为 20 mm，初始含水率 $w_0 = 27.3\%$，初始密度 $\rho_0 = 1.91$ g/cm^3，土粒比重 $G_s = 2.71$。当压力分别为 $p_1 = 100$ kPa，$p_2 = 200$ kPa 时，达到压缩稳定后试样的变形量分别为 0.886 mm 和 1.617 mm。

要求：

（1）计算试样的初始孔隙比 e_0 及 p_1 和 p_2 相对应的孔隙比 e_1 和 e_2；

（2）求 0～100 kPa、100～200 kPa 压力区间的压缩系数 a 和压缩模量 E_s，并判断该土的压缩性。

依据材料：

（1）首先了解固结试验知识，然后进行分析简答。

(2) 课外查阅相关资料，也可以观看微课视频。

任务 3 地基沉降量计算

任务提出

某堤基底长度为 200 m，宽度为 20 m，作用在基底上的中心荷载 $P = 360\ 000$ kN，基底埋深 $d = 3$ m，地基土体为正常固结土，地下水水位在基底以下 3 m 处，基底以下 0~3 m、3~8 m、8~15 m 范围内土体的压缩性分别如图 4.19 中曲线 I、II、III 所示，基底以下 15 m 以下为中砂。地下水水位以上土体的重度 $\gamma_1 = 19.62$ kN/m³，地下水水位以下土体浮重度为 $\gamma' = 9.81$ kN/m³，计算基础中线下 3~8 m 的最终沉降量。

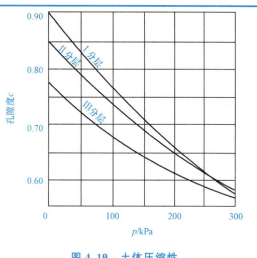

图 4.19 土体压缩性

任务布置

(1) 了解分层总和法计算地基最终沉降量原理。
(2) 学会单一压缩土层沉降量的计算。

任务分析

地基的沉降主要是由于荷载作用通过基础而引起地基土体的变形。地基的沉降过程可分为瞬时沉降、主固结沉降和次固结沉降三部分。地基最终沉降量一般是指地基土层在荷载作用下变形完成后土体的最大竖向位移量。计算地基最终沉降量的目的是确定建筑物可能产生最大沉降量，判断是否超过允许沉降范围，为建筑物设计和地基处理提供依据，保证建筑物安全。

相关知识

下面以分层总和法为例，介绍地基沉降量计算方法。分层总和法是将地基压缩层范围内的土层，分成若干薄层，计算每一薄层的变形量，然后求和作为地基土压缩的最终沉降量。

微课：单一压缩
土层沉降量计算

3.1 基本原理及单一土层沉降量计算

压缩层是指压缩变形不可忽略的土层范围。由于一般土体沉积历史比较长，土体在自重作用下变形已经结束，当荷载在土层中引起的应力增加不大时，所引起的变形也很小，可以忽略不计。一般控制附加应力 σ_z 与自重应力 σ_{cz} 的比值小于或等于 0.2，即 $\sigma_z/\sigma_{cz} \leqslant 0.2$ 的土层可以不计变形量；但对下部有软弱土层时，压缩层计算深度应满足 $\sigma_z/\sigma_{cz} \leqslant 0.1$。

图 4.20 所示为单一压缩层地基受到无限大面积的均布荷载 q 的作用，土层中各点的附加应力均相等，并且只有竖直方向的变形，即与侧限压缩试验的受力状态相同。设受荷前土层厚度为 H_1，取断面面积为 A 的土体为分析体，其体积 $V_1 = AH_1$。根据土的三相图，则有 $V_1 = V_{v1} + V_s$，即

$$AH_1 = V_{v1} + V_s = V_s(1 + e_1) \tag{4.28}$$

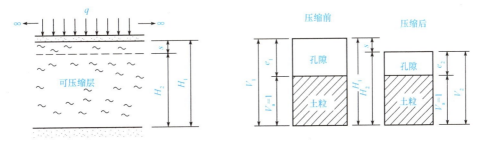

图 4.20 单一压缩土层变形计算原理

在均布荷载 q 作用下，土层变形稳定后的厚度为 H_2，面积 A 范围内的土体体积 $V_2 = AH_2$，由于土体内土颗粒的体积 V_s 未发生变化，则

$$AH_2 = V_{v1} + V_s = V_s(1 + e_2) \tag{4.29}$$

由图 4.19 可知，土层在荷载 q 的作用下，其压缩变形量为

$$s = H_1 - H_2 = (1 - H_2/H_1)H_1 \tag{4.30}$$

由式（4.27）、式（4.28）可得

$$\frac{H_2}{H_1} = \frac{1 + e_2}{1 + e_1} \tag{4.31}$$

代入式（4.30）得

$$s = \left(1 - \frac{1 + e_2}{1 + e_1}\right)H_1 = \frac{e_1 - e_2}{1 + e_1}H_1 \tag{4.32}$$

将压缩系数 a 或压缩模量的公式代入式（4.31）便可得到：

$$s = \frac{a}{1 + e_1}\Delta p H_1 \tag{4.33}$$

或

$$s = \frac{\Delta p H_1}{E_s} \tag{4.34}$$

式（4.31）～式（4.33）均为侧限条件下地基单一压缩土层变形量的计算公式。e_1 为附加应力作用前土体的孔隙比，e_2 为自重应力与附加应力共同作用下土层稳定后的孔隙比，

均可以根据自重应力平均值 $\bar{\sigma}_{cz}$、自重应力与附加应力平均值之和 $(\bar{\sigma}_{cz}+\bar{\sigma}_z)$ 查 e-p 曲线可得到。

3.2　计算方法及步骤

（1）用坐标纸按比例绘制地基土层分布图和基础剖面图。

（2）地基土分层。其原则：地基土层中的天然层面必须作为分层界面；平均地下水水位作为分层界面；每分层内的附加应力分布曲线接近于直线，要求分层厚度 $h<0.4b$（b 为基础宽度），水闸地基分层厚度 $h<0.25b$。

（3）计算基底层面土的基底压力及基底附加压力。

（4）计算各分层上、下层面处土的自重应力 σ_{cz} 和基底附加压力 σ_z。

（5）确定压缩层的深度 Z_n。某层面处的附加应力和自重应力的比值满足 $\sigma_z/\sigma_{cz}\leqslant0.2$，或软弱土层中满足 $\sigma_z/\sigma_{cz}\leqslant0.1$ 时，下部土体可不计算变形量。

动画：分层总和法
计算步骤

（6）计算压缩土层深度内各分层的平均自重应力 $\bar{\sigma}_{cz}$ 和平均附加应力 $\bar{\sigma}_z$。计算式为 $\bar{\sigma}_{cz}=(\sigma_{czi-1}+\sigma_{czi})/2$；$\bar{\sigma}_z=(\sigma_{zi-1}+\sigma_{zi})/2$。

（7）在 e-p 曲线上依据 $p_{1i}=\bar{\sigma}_{czi}$ 和 $p_{2i}=\bar{\sigma}_{czi}+\bar{\sigma}_{zi}$ 查出相应的孔隙比 e_{1i} 和 e_{2i}，按照式（4.32）计算各分层的变形量；若是已知土层的压缩系数或压缩模量，可以按式（4.33）或式（4.34）计算各层土的变形量。

（8）将各分层沉降量 s_i 总和起来，即可计算出总沉降量 $s=\sum s_i$。

≫ 训练与提升

1. 简答题

（1）简述分层总和法基本原理。

（2）简述单一土层沉降量计算方法。

（3）简述分层总和法计算方法及步骤。

2. 计算题

将本任务提出中堤基土 3～8 m 按照单一土层沉降量计算方法进行沉降量计算。

3. 实训题

某堤基底长度为 200 m，宽度为 20 m，作用在基底上的中心荷载 $P=360\,000$ kN，基底埋深 $d=3$ m，地基土体为正常固结土，地下水水位在基底以下 3 m 处，基底以下 0～3 m、3～8 m、8～15 m 范围内土体的压缩性分别如图曲线Ⅰ、Ⅱ、Ⅲ所示，基底以下 15 m 以下为中砂。地下水水位以上土体的重度 $\gamma_1=19.62$ kN/m³，地下水水位以下土体浮重度为 $\gamma'=9.81$ kN/m³，计算基础中线下 15 m 的最终沉降量。

依据材料：

（1）首先学习学会分层总和法计算方法及步骤。

（2）课外查阅相关资料，也可以观看微课视频。

项目 5 土的强度检测

知识目标

理解库仑定律含义、抗剪强度指标、土中一点应力状态;掌握直剪试验操作及处理。

能力目标

能够应用库仑定律、摩尔应力圆,能够进行直剪试验操作及处理。

素质目标

培养学生团结协作精神和诚实守信品格,树立工程质量意识和工程规范意识。

任务 1 土的抗剪强度及其破坏准则

任务提出

挪威弗莱德里克斯特 T_8 号油罐剪切破坏

挪威弗莱德里克斯特 T_8 号油罐直径为 25.4 m,高度为 19.3 m,相对密度为 6 230 m^3。1952 年快速建造这座大油罐,竣工后试水,在 35 h 内注入油罐的水量约为 6 000 m^3,因荷载增加太快,2 h 后,发现此油罐向东边倾斜,同时发现油罐东边的地面有很大隆起。事故发生后,立即将油罐中的水放空,测量油罐最大的沉降差达 508 mm,最大的地面隆起为 406 mm,同时地基位移扩展约 10.36 m。

事后查明:油罐的地基为海积粉质黏土和海积黏土,高灵敏度,且油罐东部地基中存在局部软黏土层。在油罐充水荷载为 55 000 kN,相当于承受 110.9 kPa 均布荷载时,油罐地基通过局部软黏土层产生滑动破坏。

由此吸取教训,采取分级向油罐充水的办法,使每级充水之间的间隔时间能使地基发生固结。1954 年,油罐正式运用,没有发现新问题。

分析确定地基土的强度。

加拿大特朗斯康谷仓，由于地基强度破坏发生整体滑动，是土的强度问题的典型例子。在岩土工程中，土的抗剪强度是与土方工程相关的一个很重要的问题，是土力学中十分重要的内容（图 5.1）。它不仅是地基设计计算的重要理论基础，也是边坡稳定性、挡土墙结构及地基承载力等土工结构分析的理论基础。大量的工程实践和试验研究表明，土的破坏大多为剪切破坏。为了保证土木工程建设中建（构）筑物的安全和稳定，研究土体抗剪强度及其变化规律对于工程设计、施工及管理都具有重要的意义。

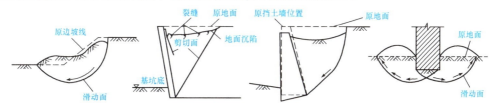

图 5.1　土的抗剪强度相关的工程问题

1.1　土的抗剪强度理论

微课：土的抗剪强度及其破坏准则

1.1.1　库仑定律（剪切定律）

1776 年，法国学者库仑（C. A. Coulomb）总结土的剪切试验成果，提出了土体抗剪强度的统一规律：

$$\tau_f = \sigma \tan\varphi + c \tag{5.1}$$

式中　τ_f——土的抗剪强度；

σ——作用在剪切面上的法向应力；

φ——土的内摩擦角；

c——土的黏聚力（kPa），对于无黏性土 $c=0$。

τ_f 与 σ 的关系曲线如图 5.2 所示。

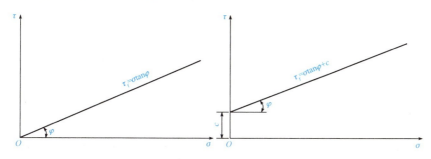

图 5.2　τ_f 与 σ 关系曲线

上述土的抗剪强度数学表达式，也称为库仑定律。它表明在一般应力作用下，土的抗剪强度与滑动面上的法向应力之间呈线性关系。这一基本关系式能满足一般工程对精度的要求，是目前研究土的抗剪强度的基本定律。

1.1.2 土的抗剪强度指标

库仑定律中的 φ 和 c 称为土的抗剪强度指标，φ、c 与土的性质有关，需要根据试验确定。不同的试验方法测出的强度指标有所不同，因此，在实际工程中应注明选择的试验方法和试验条件。

土中的应力有总应力和有效应力之分。1925 年，太沙基提出了饱和有效应力原理，人们认识到真正引起土体剪切破坏的是有效应力。因此，将有效应力原理应用于抗剪强度定律，其表达见式（5.2）。

$$\tau_f = \sigma' \tan\varphi' + c' \qquad (5.2)$$

式中 τ_f——土的抗剪强度；

  σ'——作用在剪切面上的有效法向应力（kPa）；

  φ'——土的有效内摩擦角（°）；

  c'——土的有效黏聚力（kPa）。

试验研究和工程实践表明，土的抗剪强度不仅与土的性质有关，还与试样排水条件、剪切速率应力状态和应力历史等诸多因素有关，尤其是排水条件的影响最大。因此，采用有效应力表达的抗剪强度关系式更为合理。

但鉴于目前强度的理论水平和技术设备条件，要在工程中全面了解或测定地基土中各点的孔隙水压力还很困难，无法计算出土中各点的有效应力，因此，在工程中通常采用总应力表示法。为此，工程上应尽可能调研地基土的实际工作情况，以便在抗剪强度指标测定时正确选择试验方法使得试验条件尽可能与地基土的实际工作情况相符。

1.1.3 受剪面的破坏准则

由库仑定律可知，土的抗剪强度 τ_f 是土抵抗剪切破坏的最大能力。

当 $\tau < \tau_f$ 时，土体受剪面是稳定的，处于弹性平衡状态；

当 $\tau = \tau_f$ 时，受剪面正好处于将要破坏的临界状态，即极限平衡状态；

当 $\tau > \tau_f$ 时，土体受剪面已经破坏。

受剪面的状态，也可以用图解法利用剪应力与库仑直线在坐标图中的位置关系来判别。

【例5.1】　用某黏性土做直剪试验，垂直压应力分别是 100 kN/m²、200 kN/m²、300 kN/m²、400 kN/m²，破坏时的剪应力分别是 91 kN/m²、144 kN/m²、184 kN/m²、245 kN/m²。

（1）试根据直剪试验结果绘图求土的抗剪强度指标 c 和 φ。

（2）假如该黏土在垂直压应力 180 kN/m²，剪应力 120 kN/m² 的作用下，问是否破坏？

解：（1）在 $\sigma\tau$ 图上分别描出点（100，91）、（200，144）、（300，184）、（400，245），连成一条直线，即直剪试验的破环线。这条直线在 τ 轴上的截距为黏聚力 c，直线的斜率为内摩擦角 φ。如图 5.3 所示，$c = 50$ kN，$\varphi = 25°$。

（2）在图 5.3 上描出该点（180，120），位于破环线以下，故该黏土不会破坏。

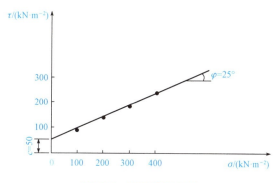

图 5.3　抗剪强度包线

拓展阅读

上海楼脆脆——增强工程伦理意识

2009 年 6 月 27 日清晨 5 时 35 分，上海闵行区梅陇镇"莲花河畔景苑"一栋在建的 13 层楼倒塌（图 5.4），由于高楼尚未竣工交付使用，故未酿成特大居民伤亡事故，但是造成一名施工人员死亡。该楼盘总面积为 65 666 m^2，倒塌时楼整体向南倾倒，倒塌后，其整体结构基本没有遭到破坏，甚至其玻璃都完好无损，大楼底部的桩基则基本完全断裂。事故发生后，上海市委、市政府主要领导高度重视。市委副书记、市长当即做出重要批示，要求立即组建由市建设交通委、市安监局、市公安局等部门和有关专家组成的联合调查组，迅速彻底查清事故原因，严肃追究事故责任。

发生倒塌的一栋 13 层在建住宅楼由上海众欣建设有限公司承建，开发商为上海梅都房地产开发有限公司。该栋楼整体朝南侧倒下，13 层的楼房在倒塌中并未完全粉碎，楼房底部原本应深入地下的数十根混凝土管桩被"整齐"地折断后裸露在外。该小区现场施工的工人称，死者是 2009 年 6 月 27 日早上到倒塌大楼安装门窗的。

据了解，在建住宅楼的开发商是上海梅都房地产开发公司，它的资质有效期从 2000 年 10 月 1 日到 2004 年 12 月 31 日，即开发商的资质已经过期。

事故的原因有以下几个方面：

（1）高填土引起地基位移，大量填土会造成地基压迫，导致地下土层移位、沉降，从而"剪"断楼房的地桩。

（2）后建车库违反建筑规律，事故发生前，楼前已挖开一个约两个篮球场大小，深度为 4～5 m 的深坑。而按照通常建筑规律应先建地下，打好基坑并使其牢固后再建地上。

（3）特殊地质导致倒塌，上海地区软土地的承载力偏低，仅有 80 kPa。而事故楼盘处于河岸边，事发布防汛墙又发生变形，加之事故前连日暴雨，也增加了事故发生的可能性。

（4）PHC 管柱的抗剪强度太差，从事故现场来看，暴露出来的管桩断面看不到钢筋，存在偷工减料的质量问题。

事后，法院完成对此案的审理后，对相关责任人员做出了刑期不等的有期徒刑和无期徒刑。

建筑工程质量问题是个非常大的问题，事关人民群众生命财产的安全，事关社会的稳定，还事关资源的有效利用。

图 5.4　13 层楼倒塌

1.2　土的抗剪强度指标的测定

测定土的抗剪强度指标 φ 和 c，通常有室内试验和现场试验两类。常用的室内试验方法包括直接剪切试验、三轴剪切试验、无侧限抗压强度试验；十字板剪切试验则是有效的、可靠的现场测试方法。

下面以直接剪切试验为例进行介绍。

微课：土的抗剪强度指标的测定

1. 试验仪器及原理

直接剪切试验通常简称直剪试验，是测定土体抗剪强度指标最简单的方法。

试验中所采用的应变控制式直剪仪，主要由剪力盒、垂直和水平加载系统及测量系统等部分组成，剪力盒分为上盒、下盒。其结构如图 5.5 所示。法向应力 σ 由垂直加载系统提供，剪应力 τ 由水平加载系统提供。对于同一种土需要 4 个土样，在不同的法向应力 σ 下进行剪切试验，测出相应的抗剪强度 τ_f，然后根据试验结果绘出库仑直线，由此计算出土的抗剪强度指标 φ、c，如图 5.6 所示。

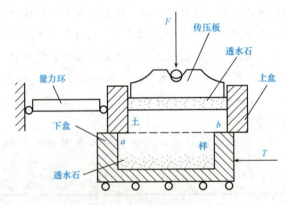

图 5.5　剪力仪结构示意

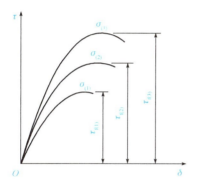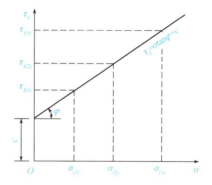

图 5.6　直接剪切试验成果

(a) 剪应力-剪切位移关系；(b) 抗剪强度-法应力关系

2. 直剪试验方法及其强度指标

为模拟工程实际加载情况，直剪试验选择直接快剪、固结快剪和直接慢剪三种试验方法。

（1）直接快剪。试验时土样两端各放一张不透水薄膜，以封闭土体中的孔隙水不让排出，在施加法向应力后立即剪切，使土样在 3～5 min 被剪破。在试验过程中，土样的含水率基本不变，有较大的孔隙水应力，其强度指标 φ_q、c_q 较小，主要用于分析地基排水条件不好、加荷速度较快的建筑物地基。

（2）固结快剪。土样安装时，在土样两端分别放滤纸和透水石。施加法向应力后使土样充分固结，孔隙水应力充分消散后快速剪切，使土样在 3～5 min 被剪坏。施加剪力时所产生的孔隙水应力不消散，其抗剪强度指标用 φ_{cq}、c_{cq} 表示。固结快剪强度指标可用于验算水库水位骤降时土坝边坡及使用期建筑物地基的稳定问题。

（3）直接慢剪。土样安装与固结同固结快剪。完全固结后分级缓慢施加剪切力，剪切速率应小于 0.02 mm/min，这样施加剪切力时土样内的孔隙水应力完全消散，直至土样破坏。其抗剪强度指标用 φ_s、c_s 表示，通常用于分析透水性较好、施工速度较慢的建筑物地基的稳定性。

以上三种试验方法，土样排水条件和固结程度的不同，对应工程实际中不同加载情况，所得的抗剪强度指标也不相同。工程中要根据实际情况选择合适的试验方法。

直剪试验仪器构造简单，土样制备及操作方法便于掌握，但人为规定了剪切面，与实际不符；剪切试验过程中土样的受剪面积逐渐减小，垂直荷载发生偏心，土样中剪应力分布不均匀；试验土样的固结和排水是靠加载速度快慢来控制的，实际无法严格控制排水或测量孔隙水应力。

【例 5.2】　一种黏性较大的土，分别进行直接快剪、固结快剪和直接慢剪试验。其试验成果见表 5.1，试用作图法计算该土的三种抗剪强度指标。

表 5.1　例 5.2 试验成果表

σ/kPa		100	200	300	400
τ_f/kPa	直接快剪	65	68	70	73
	固结快剪	65	88	111	133
	直接慢剪	80	129	176	225

　　解：根据表 5.1 所列的数据，依次绘制出三种试验方法的库仑直线，如图 5.7 所示。各种抗剪强度指标见表 5.2。

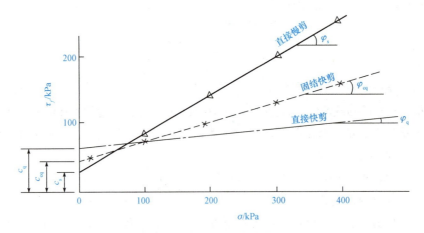

图 5.7　例 5.2 库仑直线

表 5.2　例 5.2 直剪试验抗剪强度指标

试验方法	抗剪强度指标	
直接快剪	$\varphi_q = 1.5°$	$c_q = 62$ kPa
固结快剪	$\varphi_{cq} = 13°$	$c_{cq} = 41$ kPa
直接慢剪	$\varphi_s = 27°$	$c_s = 28$ kPa

>>> 任务实施

检测任务　土的直接剪切试验检测

检测任务分析：确定土的抗剪强度指标

1. 试验目的

确定土的抗剪强度指标：内摩擦角 φ 和黏聚力 c，以供计算承载力、评价地基稳定性及计算土侧压力等用。

2. 试验方法

直接快剪：在试样上施加垂直压力后立即快速施加水平剪切力。

视频：土的
直接剪切试验

3. 仪器设备

（1）应变控制式直剪仪。主要部件包括剪切盒（水槽、上剪切盒、下剪切盒）、垂直加压框架、负荷传感器或测力计及推动机构等，如图5.8所示。

（2）位移传感器或位移计（百分表）：量程 5～10 mm，分度值 0.01 mm。

（3）天平：量程 500 g，分度值 0.1 g。

（4）环刀：内径 6.18 cm，高 2 cm。

（5）其他：饱和器、削土刀（或钢丝锯）、秒表、滤纸、直尺等。

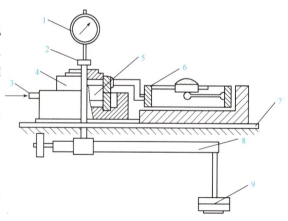

图 5.8　应变控制式直剪仪结构示意
1—垂直变形百分表；2—垂直加压框架；3—推动座；4—剪切盒；
5—试样；6—测力计；7—台板；8—杠杆；9—砝码

4. 操作步骤

（1）试样制备。

1）黏性土试样制备：

①从原状土样中切取原状土试样或制备给定干密度及含水率的扰动土试样。

②测定试样的含水率及密度，对于试样需要饱和时，应进行抽气饱和。

2）砂类土试样制备：

①取过 2 mm 筛孔的代表性风干砂样 1 200 g 备用。按要求的干密度称量每个试样所需风干砂量，准确至 0.1 g。

②对准上下盒，插入固定销，将洁净的透水板放入剪切盒。

③将准备好的砂样倒入剪切盒，拂平表面，放上一块硬木块，用手轻轻敲打，使试样达到要求的干密度后取出硬木块。

3）垂直压力应符合下列规定：每组试验应取 4 个试样，在 4 种不同垂直压力下进行剪切试验。可根据工程实际和土的软硬程度施加各级垂直压力，垂直压力的各级差值要大致相等。也可取垂直压力分别为 100 kPa、200 kPa、300 kPa、400 kPa，各个垂直压力可一次轻轻施加，若土质松软，也可分级施加以防止试样挤出。

（2）直接快剪试验步骤。

1）装试样。黏性土装试样，对准上下盒，插入固定销。在下盒内放不透水板。将装有试样的环刀平口向下，对准剪切盒口，在试样顶面放不透水板，然后将试样徐徐推入剪切盒，移去环刀。

2）接触并调零。转动手轮，使上盒前端钢珠刚好与负荷传感器或测力计接触。调整负荷传感器或测力计读数为零。顺次加上加压盖板、钢珠、加压框架，安装垂直位移传感器或位移计，测记起始读数。

3）施加压力。在四种不同垂直压力下剪切试样，一般采用使试样承受 100 kPa、200 kPa、300 kPa、400 kPa 的垂直压力，各垂直压力可一次轻轻施加，若土质松软，也可分次施加。

4）剪样。施加垂直压力后，立即拨去固定销。开动秒表，宜采用 0.8～1.2 mm/min 的速率剪切（4～6 r/min 的均匀速度旋转手轮），使试样在 3～5 min 剪损。

剪损判断：当剪应力的读数达到稳定，或有显著后退时，表示试样已剪损。宜剪至剪切变形达到 4 mm。当剪应力读数继续增加，则剪切变形应达到 6 mm 为止。手轮每转一转，同时测记负荷传感器或测力计读数并根据需要测记垂直位移计读数，直至剪损为止。

5）取出剪损试样，测含水率。剪切结束后，吸去剪切盒中积水，倒转手轮，移去垂直压力、框架、钢珠、加压盖板等。取出试样，需要时，测定剪切面附近土的含水率。

6）结束后整理：试验结束后，清理仪器设备，放到原位。

5. 记录试验数据

填写直接剪切试验记录表，见表 5.3。

6. 成果整理

（1）按式（5.3）计算试样的剪应力：

$$\tau = CR/A_0 \times 10 \tag{5.3}$$

式中　τ——剪应力（kPa）；

$\quad\quad C$——测力计率定系数 [N/（0.01 mm）]；

$\quad\quad R$——测力计读数（0.01 mm）；

$\quad\quad A_0$——试样面积（cm^2）；

$\quad\quad 10$——单位换算系数。

表 5.3　直接剪切试验记录表

委托日期		试验编号		试验者	
试验日期		流转号		校核者	
仪器设备					
试样说明					

试样编号：_____		仪器编号：_____	
垂直压力：_____kPa		剪切历时：_____min	
测力计率定系数：$C=$_____N/（0.01 mm）		抗剪强度：_____kPa	

手轮转数/转	测力计读数 /（0.01 mm）	剪切位移 /（0.01 mm）	剪应力 /kPa	垂直位移 /（0.01 mm）

（2）以剪应力为纵坐标，剪切位移为横坐标，绘制剪应力 τ 与剪切位移 Δl 关系曲线，如图 5.9 所示。

（3）选取剪应力 τ 与剪切位移 Δl 关系曲线上的峰值点或稳定值作为抗剪强度 S，当无明显峰点时，以剪切位移 Δl 等于 4 mm 对应的剪应力作为抗剪强度 S。

（4）以抗剪强度 S 为纵坐标，垂直压力 p 为横坐标，绘制抗剪强度 S 与垂直压力 p 的关系曲线（库仑强度曲线），如图 5.10 所示。直线的倾角（与水平线的夹角）即为土的内

摩擦角 φ，直线在纵坐标上的截距为土的黏聚力 c。

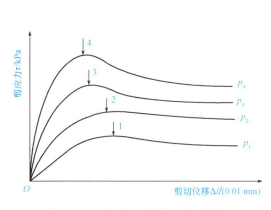

图 5.9　剪应力与剪切位移关系曲线

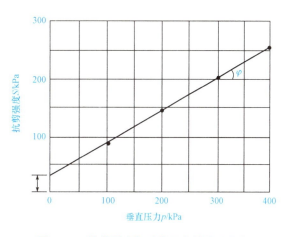

图 5.10　抗剪强度与垂直压力的关系曲线

7. 完成报告

将直接剪切试验报告填入表 5.4 中。

表 5.4　直接剪切试验报告

样品编号				
试验仪器	ZJ 应变控制式直剪仪		试验方法	
垂直压力 σ/kPa	100	200	300	400
抗剪强度 τ_f/kPa				
土的内摩擦角/（°）				
土的黏聚力/kPa				
试验依据	《土工试验方法标准》（GB/T 50123—2019）			
说明				

8. 成绩评价

试验过程中，依据表 5.5 中考核点和评价标准进行试验成绩评价。

表 5.5 直剪试验成绩评价表

项目	序号	考核点	评价标准	扣分点	得分
试验操作	1	制备土样（原状土样或制备给定干密度及含水率的扰动土试样）（5分）	制备土样错误，扣5分		
	2	将试样装入剪切盒（10分）	上下盒没插入固定销，扣5分；盒内没放不透水板，扣5分		
	3	转动手轮，使上盒前端钢珠刚好与测力计接触（10分）	未接触，扣10分		
	4	转动表盘调整量表读数为零（10分）	未调零，扣10分		
	5	施加垂直压力后，立即拨去固定销，开始剪切（20分）	垂直压力施加错误，扣10分；未拨去固定销，扣10分		
	6	开始剪切并记录量表读数直到土样剪损为止（10分）	读数并在试验表格及时记录，未读数或未及时记录，扣10分		
	7	剪切结束后，取出土样，进行剩下三个土样的剪切（5分）	未倒转手轮，直接取出土样，扣5分		
数据处理	1	计算土样抗剪强度（10分）	计算错误，扣10分		
	2	绘制库仑强度曲线（5分）	绘制曲线错误扣5分		
	3	确定内摩擦角 φ 和黏聚力 c（5分）	抗剪强度参数确定错误，扣5分		
劳动素养	1	试验结束仪器设备的整理（4分）	未关闭设备的，每个扣2分，共4分，扣完为止		
	2	试验操作台及地面清理（6分）	清理不干净，每处扣3分，共6分，扣完为止		
总分			权重	最终得分	

剪切试验报告如图 5.11 所示。

剪切试验报告

2022060107K

委托日期： 2022 年 10 月 15 日   报告编号： 2022—TG—0099—JQ—001

试验日期： 2022 年 10 月 23 日   报告日期： 2022 年 10 月 26 日

委托单位： ××建筑工程有限公司

工程名称： ××市 SW 水库建筑及安装工程

建设单位： ××市 SW 水库建设有限公司

监理单位： ××建筑工程咨询有限公司

施工单位： ××建筑工程有限公司

使用部位： 堤防加培土方填筑区   取样部位： 3-6A 取土场所

委托人： ×××   见证人员： ×××

检测性质： 施工自检

试验依据： 《土工试验方法标准》（GB/T 50123—2019）

剪切试验成果

样品编号	2022—TG—LG07—0034—JQ—001			
试验仪器	ZJ 应变控制式直剪仪		试验方法	固结快剪
垂直压力/kPa	100	200	300	400
抗剪强度 τ_f/kPa	80.4	114.8	169.3	209.2
土的内摩擦角/（°）	25.6			
土的黏聚力/kPa	27.0			
试验依据	《土工试验方法标准》（GB/T 50123—2019）			
说明	①仅对来样负责　②按干密度 $\rho_d = 1.61$ g/cm³ 制备土样			

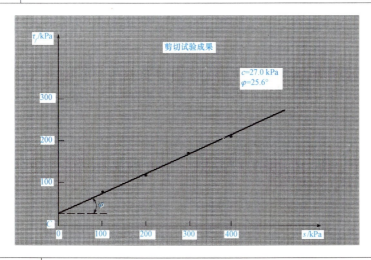

注意事项	1. 检验检测报告无"CMA"及"检验检测专用章"无效。
	2. 此报告涂改无效，复制未重新加盖"CMA"及"检验检测专用章"无效

检测单位（检测专用章）：　　　批准：　　　审核：　　　主检：

图 5.11　剪切试验报告（续）

1. 简答题

（1）什么是土的抗剪强度？

（2）直接剪切试验的方法有哪几种？解释快和慢的实质含义是什么？

（3）如何评价土的压缩性？

2. 实训题

2020 年，火神山、雷神山医院的建设让人们在 2020 年年初体验到"中国速度"。2020 年 1 月 23 日，武汉市城建局紧急召集中建三局等单位举行专题会议，2020 年 1 月 24 日，武汉火神山医院相关设计方案完成，凌晨，医院建设指挥部已调集了 35 台铲车、10 台推土机和 8 台压路机抵达医院建设现场，开始了土地平整等相关准备工作。当天，武汉市毫米科技工程有限公司等单位奔赴火神山医院工地，用北斗高精度技术为医院建设进行放线测量。1 月 29 日，武汉火神山医院建设已进入病房安装攻坚期，现场 4 000 余名工人，近千台大型机械 24 小时轮班继续抢建。场地平整和回填全部完成，板房基础混凝土浇筑完成约 90%；300 多个箱式板房骨架安装已经完成，约 400 个场外板房完成拼装。2 月 2 日上午，武汉火神山医院正式交付。从方案设计到建成交付仅用 10 天。

问题：火神山医院地基设计要采用哪种试验方法测定抗剪强度指标？

微课：土的极限
平衡条件

任务 2　土的极限平衡条件

2021 年 10 月 1 日 22 时，施工单位为赶工程进度，在临平区荷禹路和新洲路交叉口东北角，组织现场人员约 10 人及 1 台挖掘机，开展地面开挖及地下污水管铺设作业。施工人员操作挖掘机沿预留污水井南侧向下开挖作业基坑，至 10 月 2 日凌晨 1 时10 分左右，形成上口宽约 3 m，下底宽约 1.2 m，深约 4 m 的基坑作业面，基坑未支护、未放坡。而后工人分别乘用挖掘机挖斗和安全绳下到坑底，对污水井底部南侧预留的约 60 cm 直径的孔洞进行清理，以便后续安装 60 cm 直径的污水管。2 日凌晨约 1 时30 分，2 名工人在坑底进行清理作业时，基坑东侧堆土突然坍塌，坍塌面约 2 m×4 m，大量坍塌的回填土将其 2 人掩埋。

经现场施工单位、救援力量和挖掘机的配合救援，2 日早上 6 时，第一名被困人员被救出，约 9 时许，第二名被困人员被救出，其二人都被 120 救护车紧急送往临平区第一人民医院抢救，当天经抢救无效死亡。

调查组认定，事故的直接原因为：施工单位未按专项施工方案进行施工，选择在基坑东侧一侧堆土，且堆土紧挨基坑边缘，堆土高度偏高、坡度不足；另一方面，开挖堆土处于松散状态，粘聚力偏低，在不能保证堆土坡度的情况下，现场同时存在施工振动荷载，堆土产生滑移坍塌，造成事故。

任务布置

分析基坑边坡是否稳定。

任务分析

不采用支撑形式而采用直立或放坡施方法进行开挖的基坑工程称为大开挖土方工程。对于基坑挖深较浅、施工场地开阔、周围建筑物和地下管线及其他市政设施距离基坑较远的情况，为了经济合理，一般都采用大开挖。

大开挖土方工程可以为地下结构的施工创造最大限度的工作面，方便施工布置，因此，在场地允许的情况下，应优先选择大开挖法进行基坑施工。

基坑大开挖边坡施工过程中，由于开挖等施工活动导致土体原始应力场的平衡状态遭到破坏，当土体抗剪强度下降或附加应力超过极限值时，便会出现土体的快速或渐进位移，即发生边坡失稳。

动画：土中任一点的应力状态

2.1　土中任一点的应力状态

取土中任一点的微单元体，其水平面、竖直面、与大主应力作用面夹角 α 的平面 C 上的应力状态，如图 5.12（a）、（b）所示。

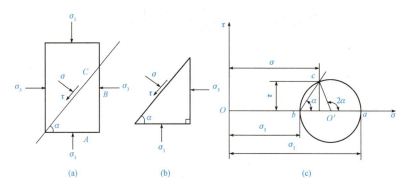

图 5.12　土中一点的应力状态

（a）微单元体应力；（b）隔离体；（c）摩尔应力圆

经受力分析，与大主应力作用面夹角 α 的平面 C 上的正应力和剪应力分别为

$$\sigma_a = \frac{\sigma_1 + \sigma_3}{2} + \frac{\sigma_1 - \sigma_3}{2}\cos2\alpha \tag{5.4}$$

$$\tau_a = \frac{\sigma_1 - \sigma_3}{2}\sin2\alpha \tag{5.5}$$

分析两式可以看出，把与大主应力作用面成任一夹角的平面上的正应力和剪应力绘制到同一坐标图中，可绘制成一圆心为 $(\sigma_1 + \sigma_3)/2$、半径为 $(\sigma_1 - \sigma_3)/2$ 的应力圆，称为莫尔应力圆，如图 5.12（c）所示。

单元体与莫尔应力圆有如下对应关系："圆上一点，单元体上一面，转角 2 倍，转向相同"，即圆周上任意一点的坐标代表单元体上一截面的正应力 σ 和剪应力 τ，若该截面与大主应力作用夹角为 α，则对应莫尔应力圆圆周上的点 c 与大主作用面在圆周上的点 a 之间的圆心角为 2α，并且有相同的转向。

问题：应力圆的圆心坐标如何表示？半径为多少？如何表示土中一点的应力状态。

2.2　莫尔—库仑准则

1. 应力圆与库仑直线的关系

由上述可知，土中任一点的应力状态可以用应力圆表示，若将某点的应力圆与库仑直线绘于同一坐标系中，则应力圆与库仑直线之间的关系可能有以下三种情况：

（1）应力圆与库仑直线相离，此时应力圆代表的单元体上各截面的剪应力均小于抗剪强度，即各截面都不破坏，则该微单元体处于稳定状态（如图 5.13 中的 I）。

（2）应力圆与库仑直线相切，此单元体上有一个截面的剪应力刚好等于抗剪强度，从而处于极限平衡状态，其余所有截面都有 $\tau < \tau_f$，因此，该微单元体处于极限平衡状态（如图 5.13 中的 II）。

（3）应力圆与库仑直线相割，库仑直线上方的一段弧所代表的各截面的剪应力均大于抗剪强度，即该点已产生破坏面（如图 5.13 中的 III），实际工程中这种应力状态不存在。

由此可知，土中任一点的所处状态可以通过库仑直线与莫尔应力圆的几何关系判别，其中一点极限平衡的几何条件是：库仑直线与莫尔应力圆相切，又称为库仑—莫尔强度理论。

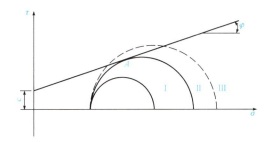

图 5.13 应力圆和抗剪强度包线关系

2. 土中一点的极限平衡条件式

当土中一点处于极限平衡状态时，库仑直线与莫尔应力圆相切，如图 5.14 所示。

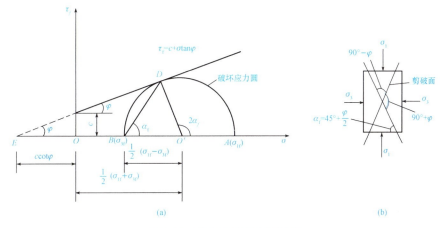

图 5.14 极限平衡的几何条件

由几何条件并经三角变换后得如下极限平衡条件式：

$$\sigma_1 = \sigma_3 \tan^2\left(45° + \frac{\varphi}{2}\right) + 2c\tan\left(45° + \frac{\varphi}{2}\right) \tag{5.6}$$

或

$$\sigma_3 = \sigma_1 \tan^2\left(45° - \frac{\varphi}{2}\right) - 2c\tan\left(45° - \frac{\varphi}{2}\right) \tag{5.7}$$

对于无黏性土，$c = 0$，则公式可简化。

由图 5.14 中可以看出，土体处于极限平衡状态时，土体的破坏面与大主应力作用面的夹角（又称破坏角）为 $\alpha_f = 45° + \varphi/2$。

3. 土体应力状态判定

判别土中一点的应力状态，可以用式（5.6）、式（5.7）进行判别。

（1）利用式（5.6）判别。利用小主应力 σ_3 计算对应的临界大主应力 σ_{1f}，然后与土体实际大主应力进行比较，如图 5.15（a）所示。若 $\sigma_1 < \sigma_{1f}$，莫尔应力圆处于图 5.15（a）中 Ⅰ，土体各点应力状态为弹性平衡状态，土体稳定。反之，土体破坏。

（2）利用式（5.7）判别。利用大主应力 σ_1 计算对应的临界小主应力 σ_{3f}，然后与土体实际小主应力进行比较，如图 5.15（b）所示。若 $\sigma_3 > \sigma_{3f}$，莫尔应力圆处于图 5.15（a）中 Ⅰ，土体各点应力状态为弹性平衡状态，土体稳定；反之，土体破坏。

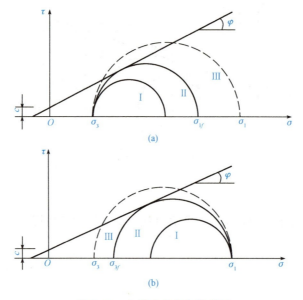

图 5.15 土体应力状态的判别

由极限平衡条件判别一点的应力状态时，结合图形更容易理解和记忆。

【例 5.3】 某土层的抗剪强度指标 $\varphi = 20°$，$c = 18 \text{ kPa}$，其中某一点的 $\sigma_1 = 400 \text{ kPa}$，$\sigma_3 = 180 \text{ kPa}$，问该点是否破坏？

解： 判别该点所处的状态：

（1）用 σ_1 判别。

将 $\sigma_3 = 180 \text{ kPa}$，$\varphi = 20°$，$c = 18 \text{ kPa}$ 代入式（5.6）得

$$\sigma_{1f} = \sigma_3 \tan^2\left(45° + \frac{\varphi}{2}\right) + 2c\tan\left(45° + \frac{\varphi}{2}\right)$$

$$= 180 \times \tan^2\left(45° + \frac{20°}{2}\right) + 2 \times 18 \times \tan\left(45° + \frac{20°}{2}\right) = 419.0 \text{ (kPa)}$$

因为 $\sigma_1 = 400 \text{ kPa} < \sigma_{1f} = 419 \text{ kPa}$，因此该点稳定。

（2）用 σ_3 判别。

将 $\sigma_1 = 400 \text{ kPa}$，$\varphi = 20°$，$c = 20 \text{ kPa}$ 代入式（5.7）得

$$\sigma_{3f} = \sigma_1 \tan^2\left(45 - \frac{\varphi}{2}\right) - 2c\tan\left(45° - \frac{\varphi}{2}\right)$$

$$= 400 \times \tan^2\left(45° - \frac{20°}{2}\right) - 2 \times 18 \times \tan\left(45° - \frac{20°}{2}\right) = 170.9 \text{ (kPa)}$$

因为 $\sigma_3 = 180 \text{ kPa} > \sigma_{3f} = 70.9 \text{ kPa}$，因此该点稳定。

（3）用库仑定律判别。由前述可知破坏角 $\alpha_f = 45° + \frac{\varphi}{2} = 45° + \frac{20°}{2} = 55°$，土体若破坏则应沿与大主应力作用面 55° 夹角的平面破坏，该面上的应力如下：

$$\sigma_\alpha = \frac{\sigma_1 + \sigma_3}{2} + \frac{\sigma_1 - \sigma_3}{2}\cos 2\alpha = \frac{400 + 180}{2} + \frac{400 - 180}{2}\cos(2 \times 55°) = 252.4 \text{ (kPa)}$$

$$\tau_\alpha = \frac{\sigma_1 - \sigma_3}{2}\sin 2\alpha = \frac{400 - 180}{2}\sin(2 \times 55°) = 103.4 \text{ (kPa)}$$

破坏面的抗剪强度 τ_f 可以由库仑定律计算得到：

$$\tau_f = \sigma \tan\varphi + c = 252.4 \times \tan20° + 20 = 111.9 \ (kPa)$$

因为 $\tau = 103.4$ kPa$< \tau_f = 111.9$ kPa，故最危险面不破坏，因此该点稳定。

训练与提升

1. 简答题

（1）何谓土的抗剪强度？

（2）直接剪切试验的方法有哪几种？解释快和慢的实质含义是什么？

2. 计算题

某土层的抗剪强度指标 $\varphi = 15°$，$c = 20$ kPa，其中某一点的 $\sigma_1 = 300$ kPa，$\sigma_3 = 150$ kPa，问该点是否破坏？

参 考 文 献

[1] 中华人民共和国水利部.GB/T 50123—2019 土工试验方法标准［S］.北京：中国计划出版社，2019.

[2] 中华人民共和国建设部.GB 50021—2001 岩土工程勘察规范（2009 版）［S］.北京：中国建筑工业出版社，2009.

[3] 中华人民共和国水利部.GB/T 50145—2007 土的工程分类标准［S］.北京：中国计划出版社，2008.

[4] 中华人民共和国水利部.SL 274—2020 碾压式土石坝设计规范［S］.北京：中国水利水电出版社，2020.

[5] 中华人民共和国水利部.GB 50286—2013 堤防工程设计规范［S］.北京：中国计划出版社，2013.

[6] 中华人民共和国水利部.SL 634—2012 水利水电工程单元工程施工质量验收评定标准—堤防工程［S］.北京：中国水利水电出版社，2012.

[7] 中华人民共和国水利部.SL 631—2012 水利水电工程单元工程施工质量验收评定标准—土石方工程［S］.北京：中国水利水电出版社，2012.

[8] 国家能源局.DL/T 5129—2013 碾压式土石坝施工规范［S］.北京：中国电力出版社，2013.

[9] 务新超.土力学［M］.郑州：黄河水利出版社，2018.

[10] 刘福臣，张海军，侯广贤.工程地质与土力学［M］.郑州：黄河水利出版社，2016.

[11] 张改玲.土质学与土力学实验［M］.徐州：中国矿业大学出版社，2017.

[12] 张孟喜.土力学［M］.北京：机械工业出版社，2020.

[13] 童小东，黎冰.土力学［M］.武汉：武汉大学出版社，2014.

[14] 侍倩.土力学［M］.2 版.武汉：武汉大学出版社，2010.

[15] 金耀华，李永贵.土力学与地基基础［M］.2 版.武汉：华中科技大学出版社，2018.

[16] 颜宏亮.水利工程施工［M］.西安：西安交通大学出版社，2015.

[17] 毛建平，金汉良.水利水电工程施工［M］.郑州：黄河水利出版社，2004.

[18] 刘祥柱，郝和平，陈宇翔.水利水电工程施工［M］.郑州：黄河水利出版社，2009.